建筑垃圾及工业固废资源化利用丛书

建筑垃圾及工业固废
再生混凝土

总 主 编　卢洪波　廖清泉
本册主编　杜晓蒙

中国建材工业出版社

图书在版编目（CIP）数据

建筑垃圾及工业固废再生混凝土/杜晓蒙主编 . --
北京：中国建材工业出版社，2020.12
（建筑垃圾及工业固废资源化利用丛书）
ISBN 978-7-5160-3099-8

Ⅰ.①建…　Ⅱ.①杜…　Ⅲ.①建筑垃圾－再生混凝土
②工业固体废物－再生混凝土 Ⅳ.①TU528.59

中国版本图书馆 CIP 数据核字（2020）第 223414 号

建筑垃圾及工业固废再生混凝土

Jianzhu Laji ji Gongye Gufei Zaisheng Hunningtu

总　主　编　卢洪波　廖清泉
本册主编　杜晓蒙

出版发行：中国建材工业出版社
地　　　址：北京市海淀区三里河路 1 号
邮　　　编：100044
经　　　销：全国各地新华书店
印　　　刷：北京雁林吉兆印刷有限公司
开　　　本：787mm×1092mm　1/16
印　　　张：12
字　　　数：200 千字
版　　　次：2020 年 12 月第 1 版
印　　　次：2020 年 12 月第 1 次
定　　　价：**78.00 元**

《建筑垃圾及工业固废再生混凝土》
编者名单

主　编　杜晓蒙
参编人员　邱志辉　徐　锋　李中林　温建卿　荣福文　苗雷杰
参编单位　郑州鼎盛工程技术有限公司
　　　　　中际晟丰环境工程技术集团有限公司
　　　　　砀山华洁环保科技有限公司
　　　　　福建卓越鸿昌环保智能装备股份有限公司

总　序

随着社会和经济的蓬勃发展，大规模的现代化建设已使我国建材行业成为全世界资源、能源用量最大的行业之一，因此人们越来越关注建材行业本身资源、能源的可持续发展和环境保护问题。而工业化的迅速发展又产生了大量的工业固体废弃物，建筑垃圾和工业固体废弃物虽然在现代社会的经济建设发展中必然产生，但是大部分仍然具有资源化利用价值。科学合理地利用其中的再生资源，可以实现建筑废物的资源化、减量化和无害化，也可以减少对自然资源的过度消耗，同时还保护了生态环境，美化了城市，更能够促进当地经济和社会的良好发展，具有较大的经济价值和社会效益，是我国发展低碳社会和循环经济的不二之选。

我国早期建筑垃圾处理方式主要是堆放与填埋，实际资源化利用率较低。现阶段建筑垃圾资源化利用，比较成熟的手段是将其破碎筛分后生成再生粗细骨料加以利用，制备建筑垃圾再生制品，而工业固体废弃物由于内部具有大量的硅铝质成分，经碱激发之后可以作为绿色胶凝材料辅助水泥使用，用以制备再生制品。

为了让更多人了解建筑垃圾及工业固废资源化利用方面的政策法规、工程技术和基本知识，帮助从事建筑垃圾及工业固废资源化利用人员、企业管理者、大学生、环保爱好者等解决工作之急需，真正实现建筑垃圾及工业固废的"减量化、资源化、无害化"，变有害为有利，郑州鼎盛工程技术有限公司联合全国各地的科研院所、高校和企业界专家编写和出版了《建筑垃圾及工业固废资源化利用丛书》，体现了公司、行业专家、企业家和高校学者的社会责任感。这一项目不但填补了国内建筑垃圾及工业固废资源化利用领域的空白，而且对我国今后建筑垃圾及工业固废资源化利用知识普及、科学处理和处置具有指导意义。

该丛书根据建筑垃圾及工业固废再生制品的类型及目前国内最新成熟技术编写，具体分为《建筑垃圾及工业固废再生砖》《建筑垃圾及工业固废筑路材料》《建筑垃圾及工业固废再生砂浆》《建筑垃圾及工业固废再生墙板》《建筑垃圾及工业固废再生混凝土》《建筑垃圾及工业固废预制混凝土构件》《建筑垃圾及工业固废保温砌块》《城市建筑垃圾治理政策与效能评价方法研究》八个分册。

这套丛书根据各类建筑垃圾及工业固废再生制品的不同，详细介绍了如何利用建筑垃圾及工业固废生产各种再生制品技术，以最大限度地消除、减少和控制建筑垃圾及工业固废造成的环境污染为目的。全国多名专家学者和企业家在收集并参考大量国内外资料的基础上，结合自己的研究成果和实际操作经验，编写了这套具有内容广泛、结构严谨、实用性强、新颖易读等特点的丛书，具有较高的学术水平和环保科普价值，是一套贴近实际、层次清晰、可操作性强的知识性读物，适合从事建筑垃圾及工业固废行业管理、处置施工、技术研发、培训教学等人员阅读参考。相信该丛书的出版对我国建筑垃圾及工业固废资源化利用、环境教育、污染防控、无害化处置等工作会起到一定的促进作用。

中华环保联合会副主席
生态环境部原总工程师

杨朝飞

2019 年 5 月

前　言

中国作为最大的发展中国家，每年产生巨量的建筑垃圾和工业固体废弃物。2017年我国一般工业固体废弃物和建筑垃圾年产生量分别高达33.16亿吨和15.7亿吨。目前，我国很多固体废弃物资源利用率仍然较低，尤其是建筑垃圾，资源化利用率不足10%，远低于欧盟、日本和韩国等发达国家和地区。近年来，随着工业化、城镇化进程的加快，我国工业领域的资源消耗量进一步加大，工业废渣的长期堆存不但侵占土地，浪费资源，而且污染环境。开展资源综合利用，是我国一项重大的技术经济政策，也是国民经济和社会发展的一项长远的战略方针。《工业绿色发展规划（2016—2020年）》中指出，"十三五"要高举绿色发展大旗，推进资源综合利用向高值化、规模化、集约化方向发展，围绕尾矿、废石、煤矸石、粉煤灰、冶炼渣、冶金尘泥、赤泥、工业副产石膏、化工废渣等各类工业固体废物，打造完整的综合利用产业链，不断扩大综合利用规模，提高综合利用水平。2017年10月，习近平总书记在党的十九大报告中着重强调"加强固体废弃物和垃圾处置"。固体废弃物资源化利用技术的研究与产业化推广已经上升为国家战略。因此，高效资源化利用建筑垃圾和工业固体废弃物，将有利于促进我国生态文明建设、"无废城市"建设、生态保护与高质量发展。

长期以来，混凝土一直无声地"吃"粉"吞"渣，从掺合料和机制砂骨料、再生骨料等多个维度将粉煤灰、矿渣、钢渣、建筑垃圾等工业或建筑废弃物凝聚成合格的建筑部品或产品。我国预拌混凝土产业在消纳固体废弃物方面发挥了很好的作用。

基于此，本书特组织了多位有丰富经验的从事建筑垃圾和工业固废资源化利用的科研工作者和企业管理者，将积累多年的宝贵经验与建筑垃圾资源化的现状相结合，编写了《建筑垃圾及工业固废再生混凝土》一书。本书主要介绍了利用建筑垃圾和工业固体废弃物来制备混凝土，主要从所用再生骨料的品质控制，再生混凝土的配合比设计，再生粗、细骨料混凝土，再生自密实混凝土，再生透水混凝土，再生混凝土的泵送技术，质量控制技术等方面展开研究。值得一提的是，本书基于郑州鼎盛独特的建筑垃圾处理模式，特别在第1章1.3节介绍了鼎盛的建筑垃圾资源化利用"一拖三"模式，并结合具体试验数据在本书第10章介绍了建筑垃圾及工业固废协同在混凝土中深度精细化利用，制备高附加值超细掺合料及"再生水泥"等前沿技术。

希望本书能对已经从事或即将涉足建筑垃圾及工业固废资源化利用的企业和从业人员有所帮助和借鉴。由于编者水平有限，本书中难免有不妥之处，希望行业同仁批评指正。

编　者
2020 年 9 月

目　录

第1章 绪 论

随着我国工业化、城市化进程的加速，以出口加工型经济增长为主要途径的工业发展模式给国家经济发展带来了强劲的动力，同时也有效地加快了城市化发展进程。然而，工业与城市的快速发展也给人们的生存环境带来了巨大的负担，每年拆除的废旧混凝土数量巨大，建筑垃圾日益增多。我国每年建筑垃圾产生量已超过 35 亿吨，其中仅拆除建筑垃圾就有 18 亿吨，与此同时，工业固体废弃物的排放量也在迅速增长，不仅需要消耗大量的人力和物力进行处理，还需要占用大量的土地资源进行堆放或掩埋。如此庞大的排放量远远超过国家现有固体废弃物的管理能力，对环境造成了严重的污染。

习近平总书记在十九大报告中明确提出了"绿水青山就是金山银山"的发展理念，提出了"推进资源全面节约和循环利用""加强固体废弃物和垃圾处置"等具体要求。国家限制对天然骨料的过度开采，导致混凝土原材料价格飞涨。为了保持建筑业的可持续发展，减少建筑垃圾及工业固废对环境的污染，解决天然资源严重短缺的问题，再生混凝土的应用成了解决这一系列问题的有效途径。

建筑垃圾及工业固废循环利用及绿色建筑材料领域发展良性循环，可以有效减少建筑垃圾及工业固废对环境的污染，同时采用建筑垃圾制备的再生建筑材料可以减少对天然砂石骨料的过度开采，有效缓解天然资源严重短缺的问题，降低符合推进建筑业资源全面节约和循环利用的可持续发展理念。

1.1 建筑垃圾及工业固废简介

固体废物包括工业固废、矿山固废、危险工业固废、医疗废物、居民生活固废、农业固废和污水处理厂固废等，大量固体废弃物堆积不仅污染空气、水和土壤，也是对地球有限资源的巨大浪费。工业固废及建筑垃圾资源化主要是指尾矿（共伴生矿）、煤矸石、粉煤灰、冶金渣（赤泥）、化工渣（工业副产石膏）、工业废弃料（建筑垃圾）等大宗固体废弃物的综合利用。

1.1.1 建筑垃圾的定义与分类

1. 建筑垃圾的定义

建筑垃圾是指建设、施工单位或个人对各类建筑物、构筑物等进行建设、拆迁、修

1

缮及居民装饰房屋过程中所产生的固废。根据中华人民共和国住房和城乡建设部制定的《建筑垃圾处理技术标准》(CJJ/T 134—2019)，建筑垃圾为工程渣土、工程泥浆、工程垃圾、拆除垃圾和装修垃圾等的总称，包括新建、扩建、改建和拆除各类建筑物、构筑物、管网等，以及居民装饰装修房屋过程中所产生的弃土、弃料及其他废弃物，不包括经检验、鉴定为危险废物的建筑垃圾。

随着大量的旧建筑物逐渐达到使用寿命和城镇化进程的快速发展，我国建筑垃圾排放量逐年增长，建筑垃圾堆积如山，其中可再生组分比例也在不断提高。我国对建筑垃圾再生利用技术的研究应用起步较晚，建筑垃圾的利用率很低，大部分建筑垃圾未经任何处理，被运往郊外或城市周边进行填埋或露天堆放，既污染土壤和水域环境，又浪费了可再生利用资源。因此对建筑垃圾进行资源化利用的问题亟待解决。

2. 建筑垃圾的分类

根据《城市建筑垃圾和工程渣土管理规定》，建筑垃圾按照来源分类，可分为土地开挖垃圾、道路开挖垃圾、旧建筑物拆除垃圾、建筑施工垃圾四大类，主要由渣土、碎石块、废砂浆、砖瓦碎块、混凝土块、沥青块、废塑料、废金属料、废竹木等组成。

(1) 土地开挖垃圾：主要分为表层土和深层土两种。前者可用于种植，后者主要用于回填、造景等。

(2) 道路开挖垃圾：主要分为混凝土道路开挖和沥青道路开挖两种，包括废混凝土块、沥青混凝土块。

(3) 旧建筑物拆除垃圾：主要分为砖和石头、混凝土、木材、塑料、石膏和灰浆、屋面废料、钢铁和非铁金属等几类，数量巨大。

(4) 建筑施工垃圾：主要包括剩余混凝土、建筑废料以及房屋装饰装修产生的碎料。主要有废钢筋、废铁丝和各种废钢配件、金属管线废料，废竹木、木屑、刨花、各种装饰材料的包装箱、包装袋，散落的砂浆和混凝土、碎砖和碎混凝土块，搬运过程中散落的砂、石子和块石等，其中，主要成分为碎砖、混凝土、砂浆、桩头、包装材料等，约占建筑施工垃圾总量的80%。

1.1.2 工业固废的定义与分类

1. 工业固废的定义

工业固废是指工业生产、交通运输等生产活动中产生的固体废弃物。工业固废可分为一般工业废物（如高炉渣、钢渣、赤泥、有色金属渣、粉煤灰、煤渣、硫酸渣、废石膏、脱硫灰、电石渣、盐泥等）和工业有害固废。由于工业生产的复杂性，工业固废存在产量巨大、成分复杂、危害大、污染严重、处理困难等特征，凡含有氟、汞、砷、铬、镉、铅、氰及其化合物和酚、放射性物质的固废，均为有毒废物。目前，工业固废已成为世界公认的突出环境问题之一，也成为固废处理行业的重点关注领域。工业废渣不仅占用土地、破坏土壤、危害生物、淤塞河床、污染水质，而且不少废渣（特别是含有机质的废渣）是恶臭的来源，有些重金属废渣的危害还具有潜在性。因此，必须将这些工业固废进行再加工，回收循环利用，使固废得到绿色资源化，以争取更大的经济效益，促进工业发展。

2. 工业固废的分类

工业固废根据危害状况一般可以分为两类：一般工业固废和危险固废。危险固废主要是指易燃易爆，具有腐蚀性、放射性、传染性的有毒有害废物，如医疗废弃物、化学废弃物、核废料等；而一般工业固废包含较广，是指未列入《国家危险废物名录》或者根据国家规定的危险废物鉴别标准认定其不具有危险特性的工业固废。一般工业固废又可以分为一类和二类两种。

一类：指按照《固体废物 浸出毒性浸出方法 翻转法》（GB 5086.1—1997）和《固体废物 浸出毒性浸出方法 水平振荡法》（HJ 557—2010）规定方法进行浸出试验获得的浸出液中，任何一种污染物的浓度均未超过《污水综合排放标准》（GB 8978—1996）规定的最高允许排放浓度，且 pH 值为 6～9 的一般工业固废。

二类：指按照《固体废物 浸出毒性浸出方法 翻转法》（GB 5086.1—1997）和《固体废物 浸出毒性浸出方法 水平振荡法》（HJ 557—2010）规定方法进行浸出试验获得的浸出液中，有一种或一种以上的污染物浓度超过《污水综合排放标准》（GB 8978—1996）规定的最高允许排放浓度，或者除 pH 值为 6～9 之外的一般工业固废。

根据我国工业和信息化部节能与综合利用司于 2018 年 4 月研究起草的《国家工业固体废物资源综合利用产品目录（征求意见稿）》，2018 年国家工业固废的种类及其综合利用产品主要包括煤矸石、尾矿、冶炼渣（不含危险废物）、粉煤灰、矿渣和其他工业固体废弃物［主要包括工业副产石膏、赤泥（不含危险废物）、废石、化工废渣、煤泥、废催化剂、废磁性材料、陶瓷工业废料、铸造废砂、玻璃纤维废丝、医药行业废渣等］。

同时，在《国家工业固体废物资源综合利用产品目录（征求意见稿）》"综合利用技术条件和要求"中列出了工业固废综合利用产品应符合的相应国家标准、行业标准；没有国家标准、行业标准的，应符合相应的地方标准、团体标准。

1.2 建筑垃圾及工业固废的利用现状

1.2.1 建筑垃圾的利用现状

1. 废混凝土的利用现状

对建筑废料中的废弃混凝土进行回收处理，作为循环再生骨料，一方面可以解决大量废弃混凝土的排放造成的生态环境日益恶化等问题。另一方面可以减少天然骨料的消耗，从根本上解决资源的日益匮乏及对生态环境的破坏问题。因此，再生骨料是一种可持续发展的绿色建材。大量的工程实践表明，废旧混凝土经破碎、过筛等工序处理后可作为砂浆和混凝土的粗、细骨料（或称再生骨料），用于建筑工程基础和路（地）面垫层、非承重结构构件、砌筑砂浆等；但是由于再生骨料与天然骨料相比，其性能较差（内部存在大量的微裂纹，压碎指标值高，吸水率高），配制的混凝土工作性和耐久性难以满足工程要求。要推动废弃混凝土的广泛应用，必须对再生骨料进行强化处理，也可用废弃混凝土制备绿化混凝土它属于生态混凝土的一种，被定义为能够适应植物生长、可进行植被作业，并具有保护环境、改善生态环境、基本保持原有防护作用功能的混凝土块。除此之外，还可以用废弃混凝土制作景观工程和进行地基基础加固等。

2. 废砖的利用现状

目前，我国正在拆除的建筑大多是砖混结构，其中黏土砖在建筑垃圾中占有较大的比例，如果忽略了这部分垃圾的再生利用，必然会造成较大的污染。建筑物拆除的废砖，如果块形比较完整，且黏附的砂浆比较容易剥离，通常可作为砖块回收并重新利用；如果块形已不完整，或与砂浆难以剥离，就要考虑其综合利用问题。废砂浆、碎砖石经破碎、过筛后与水泥按比例混合，再添加辅助材料，可制成轻质砌块、空（实）心砖、废渣混凝土多孔砖等，其具有抗压强度高、耐磨、轻质、保温、隔声等优点，属环保产品。例如：

（1）将废砖适当破碎，制成轻骨料，用于制作轻骨料混凝土制品。朱锡华曾利用破碎的废砖制造多排孔轻质砌块，所用配合比为：水泥 10%～20%，废砖（含砂浆）60%～80%，辅助材料 10%～20%，采用机制成型，制品性能完全符合建筑墙体要求，市场供不应求。

（2）李秋义等人将粒径小于 5mm 的碎砖与石灰粉、粉煤灰、激发剂拌和，压力成型，蒸压养护，形成蒸压砖。此种蒸压砖具有较高的强度、耐久性和抗裂性。

（3）废砖瓦替代天然骨料配制再生轻骨料混凝土。将废砖瓦破碎、筛分、粉磨所得的废砖粉在石灰、石膏或硅酸盐水泥熟料激发条件下，具有一定的活性。小于 3cm 的青砖颗粒的表观密度为 $752kg/m^3$，红砖颗粒的表观密度为 $900kg/m^3$，基本具备作为轻骨料的条件，再辅以密度较小的细骨料或粉体，制成具有承重、保温功能的结构轻骨料混疑土构件（板、砌块）、透气性步道砖及花格等水泥制品。

3. 废陶瓷的利用现状

废建筑陶瓷和卫生陶瓷属于炻质类陶瓷，吸水率较低、坚硬、耐磨、化学性质稳定。将废陶瓷破碎至 5～10mm，可得到一种人工彩砂原料。人工彩砂原本是用天然砂或碎石涂以耐候性有机涂料，或者在表面涂覆低温色釉料，然后焙烧成彩釉，主要用于建筑物的外墙装饰。用天然砂或碎石作原料存在两个缺点：一是吸油性较差，不易于与有机涂料牢固结合；二是在烧釉时发生相变或分解，成品质量欠佳。由于废陶瓷粒具有一定的孔隙率，且表面粗糙，易于同有机涂料结合，且陶瓷粒不存在相变问题，在烧釉温度下也不会分解。该原料在制造有机彩砂时，将其磨细至 0.08mm 以下，即成为优秀的填料。其在塑料、橡胶、涂料中使用，具有化学性质稳定、与高分子材料结合牢固、耐磨、耐热、绝缘等优点。因此，无论生产有机彩砂还是无机彩砂，用废陶瓷粒作原料均具有一定的优势。

4. 废木材的利用现状

从建筑物拆卸下来的废旧木材，一部分可以直接当木材重新利用，如较粗的立柱、梁、托梁以及质地较硬的橡木、红杉木、雪松。在废旧木材重新利用前，应考虑以下两个因素：①腐坏、表面涂漆和粗糙程度；②尚需拔除的钉子以及其他需清除的物质。废旧木材的利用等级一般需适当降低。对于建筑施工产生的多余木料（木条），清除其表面污染物后可根据其尺寸直接利用，而不用降低其使用等级，如加工成楼梯、栏杆（或栅栏）、室内地板、护壁板（或地板）和饰条等。与普通混凝土相比，黏土-木料-水泥混凝土具有质轻、导热系数小等优点，因而可作特殊的绝热材料使用。将废木料与黏土、水泥混合生产黏土-木料-水泥复合材料，可使复合材料的密度和导热系数进一步减小和降低。

5. 废塑料的利用现状

废塑料的再生利用可分为直接再生利用和改性再生利用两大类。直接再生利用是指将回收的废旧塑料制品经过分类、清洗、破碎、造粒后直接加工成型。改性再生利用是指将再生料通过物理或化学方法改性（如复合、增强、接枝）后再加工成型。经过改性的再生塑料，其机械性能得到改善，可用于制作档次较高的塑料制品。

废旧塑料的性能虽然有所降低，但仍存在塑料性能。可以将废旧塑料和其他材料复合，形成具有新性能的复合材料。方法是将塑料和锯末、木材枝杈、糠壳、稻壳、农作物秸秆、花生壳等以一定的比例混合，添加特制的胶粘剂，经高温高压处理后制成结构型材，属于基础工业原料，也可以直接挤出制品或将型材再装配成产品，如托盘或包装箱等。

1.2.2 工业固废的利用现状

有关部门的统计数据显示，我国大宗工业固体废物产生量大，利用任务十分艰巨。"十二五"期间我国平均每年产生固废量约 36 亿吨，堆存量净增 100 亿吨，截至 2019 年总堆存量已达 600 亿吨。如此大量的大宗工业固体废物，给综合利用带来了巨大压力，2018 年我国大宗工业固体废物综合利用率仅 53.58%，虽然较 2017 年有所增长，但仍存在巨大压力。大宗工业固体废物不具有危险废物的危险性，但其量大，贮存、处置占地多，已对生态环境和社会可持续发展造成了严重的影响。大宗工业固体废弃物的产生主要是在金属采选、煤炭选洗、金属冶炼、煤炭发电、脱硫收尘等过程中产生的。由于我国煤炭企业主要集中在"晋蒙陕甘宁"地区，钢铁企业主要集中在华北地区，化工企业主要集中于长江流域和沿海地区，火电企业主要分布在煤炭资源丰富地区和沿海地区，矿山企业主要在"晋冀鲁豫皖"黑色金属矿山大量集中、在"滇黔桂"有色矿区高度聚集，所以大宗工业固体废物分布不均衡、区域差异大。

我国大宗工业固体废物还有成分复杂、波动大，利用难度大、利用成本高等特点。

1. 粉煤灰

粉煤灰是从煤燃烧后的烟气中收捕下来的细灰。粉煤灰是燃煤电厂排出的主要固废，也是我国当前排量较大的工业废渣之一。我国火电厂粉煤灰的主要氧化物组成为 SiO_2、Al_2O_3、FeO、Fe_2O_3、CaO、TiO_2 等。目前，粉煤灰主要用于生产水泥、混凝土、蒸压砖、保温墙体材料及其他建材产品，同时还用于改良土壤、回填、生产生物复合肥，提取物质实现高值化利用等。对粉煤灰的特性充分开发和选择创新性的技术工艺，可以使其在建筑、建材方面的应用具有更高的技术附加值。如图 1-1 所示。

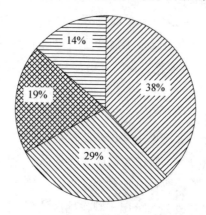

图 1-1　粉煤灰综合利用途径分布

2. 粒化高炉矿渣的利用现状

粒化高炉矿渣（简称矿渣）是冶炼生铁时以熔融状态从高炉排出的废渣经水淬急冷处理而成。它的活性与其化学组成、矿物组成、玻璃相含量、粉磨细度及外加剂对矿渣的激发程度有关。矿渣的化学成分可以用化学式 $CaO-SiO_2-Al_2O_3-MgO$ 来表示，其化学组成随炼铁方法和铁矿石种类的变化而不同。大部分矿渣中的 SiO_2 和 CaO 含量相似，所含氧化物 CaO 的质量分数为 38%～46%，SiO_2 为 26%～42%，Al_2O_3 为 7%～20%，MgO 为 4%～13%，还含有 MnO、FeO、金属和碱。矿渣的反应活性对硬化水泥浆体及混凝土的微观结构和性能都有很大的影响。其综合利用产品包括金属、金属合金、金属化合物、矿渣粉、矿物掺合料、建筑砂石骨料、水泥、砂浆、混凝土、陶瓷及陶瓷制品、保温耐火材料、砌块、烧结熔剂、烟气脱硫剂等。

3. 炉渣的利用现状

炉渣又称熔渣，是指火法冶金过程中生成的浮在金属等液态物质表面的熔体，其组成以 CaO、FeO、MgO、SiO_2、P_2O_5、Fe_2O_3 及 Al_2O_3 等氧化物为主，还常含有硫化物并夹带少量金属。在冶金炉渣中存在较多硅酸盐与铝酸盐等成分的原材料，具有良好的活性特点。

　　炉渣本身略有或没有水硬胶凝性能，但它在磨细以后且有水分存在的情况下，与氢氧化钙或其他氢氧化物发生化学反应生成具有水硬胶凝性能的化合物。所以，被它可当作建筑材料，常用于生产混凝土大型样板、墙体材料、空心砌块以及利用炉渣制成轻骨料，配合水泥、砂、水可以制成高性能混凝土。此外，含高 P_2O_5 的炼钢渣可以用作农业磷肥，铜冶炼水淬渣可作表面处理用的喷砂材料，还能用在废水处理系统中作为过滤材料，用于废水的除油、除固体杂质等预处理方面。

　　4. 其他工业固废的利用现状

　　尾矿是选矿中分选作业的产物之一，有用目标组分含量最低的部分。尾矿可用作建筑材料，可以煅烧水泥，作为烧结砖与免蒸砖的原材料。除了可以生产一般的建筑材料外，也可以作为主要原料生产高附加值的建筑装饰材料，如铸石、耐火材料、玻璃、陶粒、微晶玻璃、泡沫玻璃和泡沫材料，还可利用尾砂修筑公路、路面材料、防滑材料、海岸造田、种植农作物或植树造林。开展尾矿综合利用是提高生产效率最有前景的发展方向之一。

　　工业副产石膏是指工业生产中因化学反应生成的以硫酸钙为主要成分的副产品或废渣，也称为化学石膏或工业废石膏。由于此类废弃物与天然石膏较为相似，因此可以用其代替天然石膏来生产水泥，还可以将其用作水泥工业缓凝剂。用作水泥工业缓凝剂的工业副产石膏用量约占工业副产石膏综合利用总量的 70%。同时，可将其用于生产石膏建材制品，包括生产普通 β 型建筑石膏粉、石膏砌块、板材、建筑石膏粉等石膏制品。此外，工业副产石膏可以直接作为土壤改良剂用于农业或者直接用于筑路的路基材料。

　　电石渣是电石水解获取乙炔气后的以氢氧化钙为主要成分的废渣。电石渣主要用于生产建筑材料，还可代替石灰激发炉渣的活性，制成的砖具有一定强度。将电石渣和泥浆均匀配成料浆，可以磨成水泥。此外，电石渣可以制作漂白液以节省石灰，与废硫酸制成石膏，也可用于筑路和生产化工原料。

　　赤泥是制铝工业提取氧化铝时排出的污染性废渣，一般平均每生产 1t 氧化铝附带产生 1.0～2.0t 赤泥。目前，赤泥的利用，一是从赤泥中回收有价金属，即铝、钛、钒、锰等多种金属及稀有金属；二是在建材工业中，用赤泥可生产多种型号的水泥，采用湿法工艺生产的普通硅酸盐水泥质量达标，具有早强、抗硫酸盐、水化热低、抗冻及耐磨等优越性能，还可以制造炼钢用保护渣。同时，以赤泥为主要原料可生产多种砖，如免蒸烧砖、粉煤灰砖、装饰砖、陶瓷釉面砖等。

　　赤泥在建材工业中的其他用途还有制备自硬砂硬化剂、赤泥陶粒、生产玻璃、防渗材料、采空区充填剂和铺路等。赤泥中除含有较高的硅钙成分外，还含有农作物生长必需的多种元素，利用赤泥生产的碱性复合硅钙肥料可以促使农作物生长，还能处理废水中的重金属离子、治理废气和修复土壤污染等。

1.3 新模式下的建筑垃圾资源化利用技术

1.3.1 不同历史时期建筑垃圾处理模式

1. 建筑垃圾资源化 1.0 模式

2010 年以前，建筑垃圾处置基本处于 1.0 模式，以原始处置技术和简易小作坊模式为主。这种方式不仅造成大量资源被浪费，同时也占用了大量的土地、污染环境，最终造成"垃圾围城"现象，形成城市发展的"后遗症"，属于粗放式利用且污染严重阶段。

其典型特征为：规模小、设备简陋、环保差或无环保设施、处置工艺简单、处置企业无正规手续、再生产品简单、技术含量低、附加值低，如图 1-2 所示。

2. 建筑垃圾资源化 2.0 模式

2011—2015 年期间，建筑垃圾处理处置基本处于 2.0 模式。此时以正规固定设施处置为主，环保基本达标，资源化率一般在 80% 以上，由于未采用分类分离技术及装备，仍属于粗放式利用阶段，盈利能力差且不稳定。

其典型特征为：具备一定规模、未采用分类分离技术及装备、粗放式处置模式、环保设施水平部分达标、可生产一般附加值的透水砖及各类市政产品、处置企业受政府监管，如图 1-3 所示。

图 1-2　建筑垃圾资源化 1.0 模式　　　　图 1-3　建筑垃圾资源化 2.0 模式

3. 建筑垃圾资源化 3.0 模式

2016—2019 年，建筑垃圾处理水平有所提高，处理处置处于 3.0 模式。在此期间以固定设施处置为主，资源化率平均在 90% 以下，资源化过程基本实现环保达标，盈利模式在很大程度上依靠政府补贴，产品市场化竞争力能力一般。

其典型特征为：有特许经营许可证、清运和处置一体化、环保符合排放标准、以制砖为代表进行一定程度的深度资源化利用、具备一定规模、处置工艺进一步优化、进行简易分离分选，如图 1-4 所示。

图 1-4　建筑垃圾资源化 3.0 模式

4. 建筑垃圾资源化 4.0 模式

2020 年至今，郑州鼎盛工程技术有限公司创造性地提出建筑垃圾资源化利用"一拖三"模式（图 1-5），即"一个建筑垃圾分离工段"拖"三个处置单元"（图 1-6）。

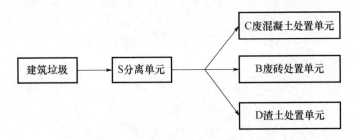

图 1-5　建筑垃圾资源化利用"一拖三"模式

图 1-6　建筑垃圾资源化 4.0 模式

以郑州鼎盛公司"一拖三＋N"模式为基础，以材料超细粉磨、不同固废材料配伍激发性能协同资源化利用为核心，以高度自动化、模块化、智能化、信息化现代装备体系为支撑点，立足分类创造价值的设计理念，将建筑固废与工业固废协同处置，获得高附加值全建材产业链产品，资源化利用率高达 98％。由于技术先进、利润空间大，产品有强大的市场竞争力，盈利模式可以不再依靠政府补贴，而是通过市场化运营，产生显著的经济效益。

1.3.2 建筑垃圾资源化利用"一拖三"技术

1. 建筑垃圾分离技术

从图 1-5 可以看出，建筑垃圾经 S（Separate）单元分离单元进行分离，在这一单元中，关键技术为三分离技术，如图 1-7 所示。

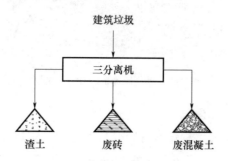

图 1-7 三分离技术的工艺流程

技术关键点：利用建筑垃圾的几何形状不同，在同一台分离设备上实现废砖、废混凝土、渣土三种物料分离。

功能意义：将建筑垃圾分为废砖、废混凝土、渣土三部分，提高建筑垃圾使用价值。

主机设备：三分离机。

2. 废混凝土处置技术

经分离单元分离后的废混凝土，将进入 C（Concrete）单元即废混凝土处置单元（图 1-5），在该单元中，共有三项关键技术。

（1）单段破碎技术（图 1-8）。

技术关键点：大破碎比破碎技术、钢筋切断防缠绕技术。

功能意义：主要是将大块钢筋混凝土一步破碎成所需产品粒径，减少破碎段数，简化生产工艺，降低设备投资与生产成本。

主机设备：单段锤式破碎机。

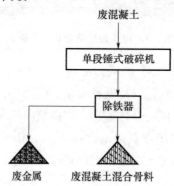

图 1-8 单段破碎技术的工艺流程

（2）精品骨料技术（图1-9）。

技术关键点：轻物质除杂技术和表面活化与颗粒整形技术。

功能意义：主要是通过轻物质分离设备提高骨料的洁净度，通过整形改性机去除骨料包浆，活化骨料表面，改善骨料颗粒形状。

主机设备：整形改性机、全封闭圆振筛、轻物质处理器。

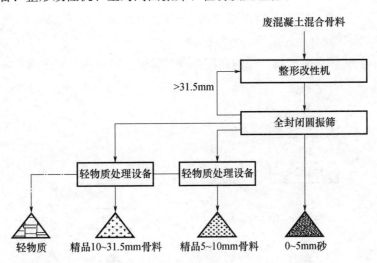

图1-9 精品骨料技术的工艺流程

（3）预磨制砂技术（图1-10）。

技术关键点：高效预磨制砂技术。

功能意义：主要是将5~10mm废混凝土骨料通过预磨机粉碎后，经筛分、选粉，获取精品粗砂、中砂、细砂、石粉。

主机设备：预磨机、全封闭圆振筛、选粉机。

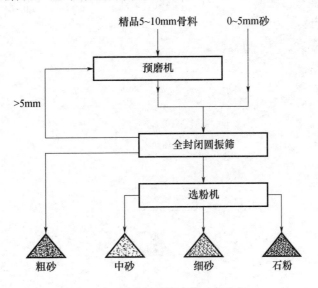

图1-10 预磨制砂技术的工艺流程

3. 建筑垃圾处置之废砖处置技术

经分离单元分离后的废砖，将进入 B（Brick）单元即废砖处置单元（图 1-5）。在该单元中，共有三项关键技术。

（1）超细粉磨技术（图 1-11）。

技术关键点：入磨物料预处理技术、物料超细粉磨技术。

功能意义：主要是将三分离出的废砖，进行净化、破碎、粉磨，得到比表面积为 $700\sim1000\text{m}^2/\text{kg}$，具有良好活性的超细粉。

主机设备：反击式破碎机、全封闭圆振筛、对辊式破碎机、滚筒筛、立磨。

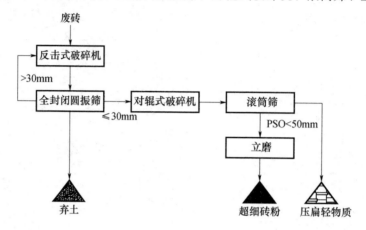

图 1-11　超细粉磨技术的工艺流程

（2）多元复配技术（图 1-12）。

技术关键点：粉体活性激发技术、粉体高密度堆积技术、粉体形态效应减水技术。

功能意义：主要是将废砖、废混凝土、粉煤灰、矿粉进行超细粉磨，优化配方掺和，制备出高性能复合微粉，不仅具有良好的活性、力学性能，同时可以大幅度地提高工作性能及耐久性。

主机设备：球磨机、复配站。

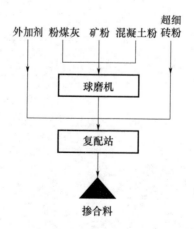

图 1-12　多元复配技术的工艺流程

（3）材料激发技术（图 1-13）。

技术关键点：无害高效激发剂技术、多元胶凝材料技术。

功能意义：主要是通过设计不同种类和比例的活性粉，掺和不同种类的激发剂，实现材料无害高效激发。

设备：复配站。

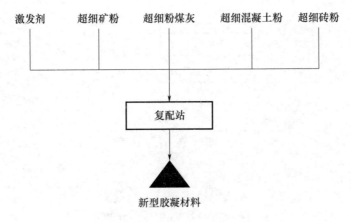

图 1-13 材料激发技术的工艺流程

4. 建筑垃圾处置之渣土处置技术

经分离单元分离后的废砖，将进入 D（Dregs）单元即渣土处置单元（图 1-5）。在该单元中，共有三项关键技术。

（1）渣土提砂技术（图 1-14）。

技术关键点：黏湿细料筛分技术。

功能意义：主要是通过弛张筛将渣土中的 2～5mm 中粗砂进行有效筛分，提升渣土经济效益。

设备：弛张筛。

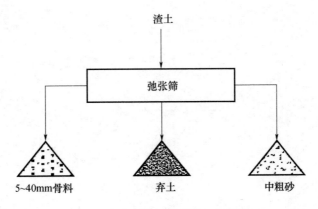

图 1-14 渣土提砂技术的工艺流程

（2）精品砂粉技术（图1-15）。

技术关键点：辊压预处理技术、砂粉制备技术。

功能意义：主要是利用渣土中5mm以上碎块制取精品砂粉，提升渣土经济效益。

设备：对辊破、滚筒筛、预磨机。

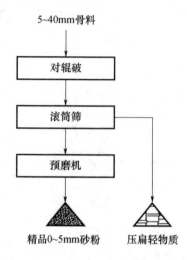

图1-15　精品砂粉技术的工艺流程

（3）弃土制砖技术（图1-16）。

技术关键点：全弃土专用砖机技术、弃土专用胶凝材料技术。

功能意义：主要是将弃土利用专用砖机，配合绿色胶凝材料，制备高品质弃土砖，提升渣土利用价值。

设备：专用制砖机。

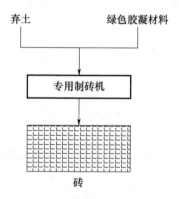

图1-16　弃土制砖技术的工艺流程

建筑垃圾采用"一拖三"模式处置，如图1-17所示，通过三分离、混凝土精品骨料制备、废砖深度资源化利用、掺合料再生水泥的生产以及百分百全弃土制砖等技术，建筑垃圾资源化利用率高达98％以上，实现了建筑垃圾资源化深度利用。

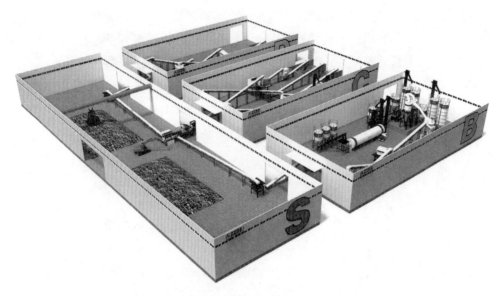

图 1-17 郑州鼎盛公司"一拖三"模式概念图

1.4 建筑垃圾及工业固废再生混凝土研究及发展现状

1.4.1 建筑垃圾及工业固废应用于混凝土中的必要性

我国是建筑垃圾与工业固废大国,在多年消解固体废弃物的历史进程中,混凝土一直都是扛鼎产业之一。我国固体废物的无害化处置和资源化应用研究工作从中华人民共和国成立以来就开始了。很多行业产业,特别是建材产业一直是主要的循环利用节点产业。虽然各个产生工业固废的工业都在积极开展固废资源化综合利用,但是从各种信息可以看到,固废最终不约而同地都走向了建材工业,特别是水泥与混凝土及墙体材料工业。在固体废物资源化利用方面,我国混凝土行业积累的经验和教训是其他国家同行业难以企及的。

四十年来,混凝土一直无声地"吃"粉"吞"渣,从掺合料和机制砂骨料等多个维度将粉煤灰、矿渣、钢渣、建筑垃圾等工业或建筑废弃物凝聚成合格的建筑部品或产品。我国预拌混凝土产业在消纳固体废弃物方面发挥了很好的作用。据统计数据,2019年仅预拌混凝土生产就综合利用各类固体废弃物约 4 亿吨,为生态环境保护做出了责无旁贷的重要贡献。

工业固废无论是无害化处置还是资源化利用,都离不开高温分解、化合、固溶、常温反应固化等化学过程,在这些化学过程中固体废物作为材料组分得到资源化利用。例如在水泥熟料生产过程中的协同处置和资源化利用,在水泥混凝土制品中固体废物的活性激发与胶凝固化等。因此,无害化处置和资源化利用是水泥混凝土行业已经承担的社会责任和产业使命。

对于水泥混凝土产业而言，首先，水泥是重要原材料之一，而利用尾矿砂和废石制备粗细骨料更是大宗利用固废的最有效途径。现在中国的水泥产量保持在 22 亿吨左右，那么下游的混凝土及其制品按比例要用多少砂石骨料？按水泥质量的 6 倍计算，大约为 132 亿吨。虽然大多数情况下工业固废只能是部分替代天然砂石，但是数量仍然巨大。此外，经过长期的科研开发和工程应用实践，根据各种固废的不同特性制备的粉体材料，可在混凝土中作为性能调节型材料（改善胶凝性、提高密实性、改善工作性、提高耐久性等），一些工业固体废物已经成为实现混凝土某些性能不可或缺的功能和结构组分。这是混凝土科技工作者应引以为豪的。

其次，在推动大宗固体废弃物由"低效、低值、分散利用"向"高效、高值、规模利用"转变的过程中，深入研究开发材料加工技术是提升固废利用价值的必由之路。虽然开始时成本会高，但许多工业和尾矿固体废弃物由于可利用的独特化学组成和物化性状，通过更多的技术手段和能量投入可以实现高价值利用。例如某些超细化的矿物粉体材料，其功能不仅可以替代部分水泥熟料，还可以设计生产出许多高性能的水泥基材料和混凝土制品。当然，这种价值的实现还需要法规与政策到位，让企业减少部分居高的成本，专注研究开发，提升利废产品的技术含量和附加值。

1.4.2　再生混凝土耐久性研究

再生混凝土结构耐久性是指所设计的再生混凝土结构或其结构构件，在一定的环境作用下，能够满足在规定使用期限内持续保持混凝土力学性能、耐久性及安全使用的能力。由于废弃混凝土来源广泛，制得的再生粗骨料性能波动性大，再生粗骨料自身的缺陷导致其基本性能比天然骨料差，使得用其制备的再生混凝土用水量大、力学性能降低、耐久性能差等。

近年来，随着混凝土用天然原材料资源的日益匮乏，许多国家的专家及学者已经对建筑垃圾处理及资源化利用进行了研究，主要针对利用废弃混凝土制备高品质再生骨料及再生粉体，研制开发了再生混凝土、再生砂浆等高附加值再生产品，系统分析了再生系列产品的基本性能，取得了大量的科研成果并实现产业化应用，但再生产品的耐久性问题依旧是研究的主导方向。因此，本节将针对再生混凝土耐久性问题，搜集并整理诸多专家学者在此方面的研究成果，分析探讨环境作用对再生混凝土耐久性能的影响规律。

1. 抗碳化性能

碳化是造成再生混凝土结构耐久性劣化的主要原因之一，CO_2 进入混凝土后，与 CH 反应产生 $CaCO_3$ 和水，降低了混凝土内部的 pH 值，破坏了钢筋表面的钝化膜，导致钢筋锈蚀。由于再生粗骨料表面附着砂浆，致使再生混凝土的界面结构及碳化机理更为复杂，不仅受胶凝材料用量、W/C、再生粗骨料取代率、CO_2 浓度及湿度的影响，还与废弃混凝土的强度等级、再生骨料的制备及品质有密切的关系。

黄秀亮[1]等人通过研究胶凝材料体系、FA 取代率及 W/C 大小对再生混凝土抗碳化性能的影响趋势，发现 W/C 越大，碳化深度越大；与天然骨料混凝土相比，相同胶凝材料体系的再生混凝土实验室快速碳化 28d 后的碳化深度明显增大。李秋义等[2]采用颗粒整形骨料强化技术，制备各种品质的再生粗骨料，系统研究了不同系列再生混凝土实验室快速碳化 28d 后的碳化深度，结果表明经整形强化后骨料品质得到明显提升，用其制备的再生混凝土随着取代率的增加碳化深度变化较小，抗碳化性能得到明显改善，而低品质再生粗骨料混凝土 28d 碳化深度较大，且取代率为 100％时碳化深度是普通混凝土的 2.8 倍。

雷斌等人[3]研究发现，废弃混凝土的来源、再生粗骨料的性能及掺加量决定了再生混凝土的抗碳化性能，同时也会受到所配制的再生混凝土强度等级的影响，并通过试验研究建立了再生混凝土碳化深度计算模型。Evangelista 等[4]发现，与普通天然骨料混凝土相比，利用再生细骨料 100％替代天然砂制备的再生混凝土，抗碳化性能明显降低，其 28d 碳化深度提高了 29％。肖建庄等人[5]、崔正龙等人[6]试验发现，来源于较高强度等级的废弃混凝土制备的再生粗骨料基本性能较为稳定，且与天然骨料相近，用其制备的再生混凝土的 28d 快速碳化深度与普通混凝土大致相同。

国内学者对碳化后再生混凝土宏观性能进行了系统研究并取得了诸多成果，但从微观角度进行的研究较少。由于再生混凝土是一种多相、多界面、不均一的复杂碱性材料，与普通混凝土相比，其微观结构较为复杂。这是由于再生粗骨料表面部分附着砂浆的存在，使得再生混凝土中存在复杂的界面结构形式。针对复杂的多重界面形式，有必要系统地研究再生混凝土的微观结构，并找出相应改善途径。

2. 抗氯离子渗透性

氯离子侵蚀是引起钢筋锈蚀的主要原因之一，特别是对海工混凝土或海水冷却塔等钢筋混凝土结构来说尤为严重。由于再生粗骨料空隙率大、吸水率高、表面附着砂浆微细裂缝较多，致使再生混凝土内部提供给 Cl^- 通道数量较多，其抗氯离子渗透性能较差。李秋义等[2]将再生粗骨料分别进行物理强化及化学强化处理，得到不同品质及类别的再生粗骨料，用其制备不同系列的再生混凝土，系统研究再生粗骨料品质及取代率对混凝土抗 Cl^- 渗透性能的变化规律，发现经物理强化处理后高品质再生粗骨料混凝土抗 Cl^- 渗透性能与天然骨料混凝土接近，利用化学强化的再生粗骨料配制再生混凝土的抗 Cl^- 迁移系数降低了 30％左右。

应敬伟等[7]分析得出再生混凝土的氯离子渗透系数随着再生粗骨料取代率的增加而增大，且受 W/C 的影响最大，其次是矿物掺合料和养护龄期。叶腾等人[8]得出相同的结论，提出掺加粉煤灰能改善再生混凝土的抗氯离子渗透性能，粉煤灰的掺量控制在 15％左右为宜。确定 W/C 为 0.52，砂率为 38％，粉煤灰掺量为 10％，再生粗骨料为 100％取代天然骨料，配制的 C25 再生混凝土满足氯离子渗透等级为 D 级的要求。

Olorunsogo 等人[9]研究得出，全再生粗骨料混凝土与普通混凝土相比，标准养护为28d时氯离子导电率增大了73.2%，56d时增大了86.5%。Vazquez等人[10]研究得出，氯离子在混凝土中的侵入过程较为复杂，受胶凝材料种类、W/C、密实程度等影响较大。再生粗骨料表面的附着砂浆含有一定量的C-S-H凝胶，相对增加再生混凝土中C-S-H凝胶的含量，在一定程度上可增大氯离子的吸附面积及程度，并导致再生混凝土的抗氯离子渗透性减弱。

诸多专家学者的研究结论大致相同，再生混凝土的抗Cl⁻渗透性能较差，这是由于再生粗骨料表面附着有较多的老水泥砂浆，老界面较为疏松，空隙率大，随着取代率的增大，再生混凝土内部空隙率增加及孔径变大，为氯离子在混凝土中的传输提供便利。另外，氯离子的渗透性也与再生混凝土的强度等级及外界环境有关。

3. 干燥收缩性能

混凝土的干燥收缩是由于混凝土在不饱和空气中，逐渐失去了储存在砂浆基体内部微细孔隙中的自由水，致使水泥水化产物中的水分子转移至附近的毛细孔中。混凝土开裂大部分是由干燥收缩引起的，它是影响混凝土性能的重要因素之一，收缩开裂不仅削弱混凝土的承载力，而且为侵蚀性介质进入混凝土内部提供通道，降低混凝土的耐久性能，缩短安全使用年限。由于再生粗骨料附着砂浆的存在，使得再生混凝土的干缩裂缝的变化机理更为复杂。

韩帅等[11]研究发现，对于相同强度等级的再生混凝土及天然骨料混凝土而言，利用性能较差的低品质再生粗骨料制备的再生混凝土用水量明显增大，60d收缩率增大了47%，而高品质再生粗骨料有效地改善了再生混凝土的微观结构，60d收缩率减小了6.9%。肖建庄等[12]研究显示，再生粗骨料取代率为50%和100%的再生混凝土收缩率比普通混凝土分别增加了17%和59%，徐变变形分别增加了12%和76%，并采用BP神经网络预测混凝土徐变。霍俊芳等[13]采用等体积砂浆法（EMV法）测试并计算再生混凝土的徐变度，其变化规律与普通混凝土相似，可以有效地改善再生混凝土的徐变性能。

肖建庄等[12]研究了再生粗骨料取代率与再生混凝土收缩率的变化关系，研究发现，取代率越大，再生混凝土收缩速率越快，且收缩率增大，掺加FA和S95矿粉可以有效改善其收缩性能。张晓华等[14]研究发现，再生混凝土早期收缩较快，收缩率略高于普通混凝土，掺加2%的K12引气剂可以有效地抑制再生混凝土在后期收缩率的增加，并通过系统研究提出了再生混凝土的收缩模型且相关性较好。安新正等[15]研究发现，再生粗骨料粒径为25～31.5mm的混凝土抗裂性较好，当粒径为15～25mm，FA掺量为15%时抗裂性也较好，这表明选择合理的再生粗骨料粒径及FA掺加量可以有效改善再生混凝土的抗裂性能。

由于国内外研究方法、试验条件及再生骨料原材料的差异，诸多学者对再生混凝土的干缩裂缝性能研究得出的结论存有较大差异。Domingo等[16]研究了再生粗骨料与天然骨料比例分别为1：1和1：0时，再生混凝土120d收缩率增加了20%和66%，持荷状态下 90 天徐变量增加了 25％和 62％。Soberon 等[17]研究再生粗骨料取代率分别为 60％和 100％时，再生混凝土的收缩率增加了 25％和 18％，徐变量增加了 33％和 40％。邹超英等[18]研究了再生混凝土徐变度的变化规律，并建立徐变度预测模型，发现 100％全再生粗骨料混凝土中后期徐变度变化较小，普通混凝土徐变度变化较快，在 90d 时再生混凝土徐变度比普通混凝土降低了 16.6％。

4. 抗冻性能

混凝土的抗冻性是指在满足力学性能的前提下，混凝土结构抵御长期处于饱和水状态冻融循环作用的能力。由于再生骨料性能的缺陷及附着砂浆的存在，致使再生混凝土的抗冻机理比普通混凝土的复杂，且诸多学者研究结果差异较大。

韩帅等[11]研究证明，经过颗粒整形物理强化后的再生粗骨料，其基本性能达到了Ⅰ类骨料性能标准，用其制备的再生混凝土的抗冻性得到显著提高，并接近天然骨料混凝土，用再生粗骨料完全替代天然骨料，混凝土抗冻等级可达到 F200。岳公冰等[19]利用骨料强化技术制备了不同品质的再生细骨料，研究了骨料性能及取代率对再生混凝土抗冻性能的影响规律，随着再生细骨料用量的增加，其抗冻性逐渐降低，同时也加快了再生细骨料混凝土在快速冻融环境下的破坏速率，高品质再生细骨料混凝土满足 F250 的要求，质量损失率仅为 3.9％，相对动弹性模量在 78％以上。

张秋美等[20]研究结果显示，水灰比大小决定了混凝土的抗冻性能，W/C 越大抗冻性越差，而对于低 W/C 的再生细骨料混凝土，其抗冻性能较好，并且再生细骨料对抗冻性能的影响相对较小。孙家瑛等[21]研究结果表明，再生细骨料不利于再生混凝土的抗冻性能，且再生细骨料的粒径要大于 0.16mm，掺加量不得超过 40％，粉煤灰有助于提高再生混凝土的抗冻性。

Gokce A[22]分析再生混凝土的抗冻性能良好，与普通混凝土没有明显差异，原因在于老界面与附着砂浆上的裂缝吸收了新砂浆中的水分，在界面处产生微养护作用，改善了老界面与骨料新界面的微观结构。Witesides 研究显示，再生粗骨料极易吸水且吸水率大，再生骨料表面附着砂浆是再生混凝土薄弱区域，Sweet 等人的研究也得出类似的结果。Sa-lemR 等人[23]从微观角度分析，冻融破坏首先从再生骨料表面的附着砂浆开始，随着冻融循环的进行，破坏裂缝逐渐延伸至新砂浆基体后导致混凝土破坏，掺量为 28％的 FA 能明显改善其抗冻性能。

5. 抗硫酸盐的侵蚀性能

混凝土遭受硫酸盐侵蚀的机理较为复杂，主要表现形式为混凝土膨胀开裂及脱落，降低水泥水化产物的黏结力。实际上是 SO_4^{2-} 通过介质逐渐进入混凝土内部，再生粗骨料空隙率较高，为外界侵蚀性介质进入提供了便利通道，此时 SO_4^{2-} 与混凝土中的水泥水化产物反应，溶液中的侵蚀介质通过孔隙进入混凝土的内部与水泥水化反应生成具有膨胀性的产物，随着侵蚀龄期的增长，混凝土内部的膨胀应力大于其抗拉强度时，就会在再生混凝土内部产生微细裂缝，由于再生粗骨料的存在会加剧膨胀裂缝的发展，致使再生混凝土表面出现浆体剥落和骨料外露的现象，直至混凝土结构遭到破坏。

目前，国内外学者已针对再生混凝土在硫酸盐等侵蚀环境下的耐久性问题进行了大量研究分析，并取得了一系列成果，由于再生混凝土本身的微细裂缝、毛细孔及再生骨料内部缺陷，致使再生混凝土抗硫酸盐侵蚀劣化机理更加复杂。闫宏生[24]认为，增大W/C及提高再生骨料的掺加量，对再生混凝土抗SO_4^{2-}侵蚀性能会产生不利影响，且当再生骨料的掺加量越多，再生混凝土SO_4^{2-}腐蚀速度越快，掺加适量的FA能改善再生混凝土界面过渡区的微观结构，有助于增强再生混凝土抗SO_4^{2-}侵蚀性能，并且在FA掺量为10％，再生粗骨料取代率为25％时，再生混凝土的力学性能及抗SO_4^{2-}腐蚀较好。

张凯等[25]研究得知，对于相同龄期的SO_4^{2-}腐蚀再生混凝土而言，SO_4^{2-}渗透深度随再生粗骨料取代率的提高而增大，与普通混凝土相比，取代率为100％时，SO_4^{2-}腐蚀含量和渗透深度分别增加了131％和43％。国内许多研究者采用相同的试验方法及硫酸钠溶液的浓度，得到的研究结果及规律差异很大。唐灵等[26]发现，再生粗骨料取代率为50％的再生混凝土抗硫酸盐侵蚀性能要优于普通混凝土，高浓度硫酸盐溶液不会加速再生混凝土破坏，反而会有利于混凝土强度的发展，并且从微观角度进行分析得知，再生混凝土硫酸盐侵蚀破坏主要是生成大量的钙矾石产生体积膨胀，导致混凝土破坏。

国外学者Dhir R K等[27]研究发现，对于低取代率的再生粗骨料混凝土抗硫酸盐侵蚀性能与普通混凝土相差不大，随着取代率的增大，再生混凝土抗硫酸盐侵蚀性能降低，这一研究结论与国内学者类似。祁兵等发现，由于再生粗骨料本身的吸水特性，使得再生混凝土内部微观结构更为紧密，再生骨料取代率在50％以下时，再生混凝土抗硫酸盐侵蚀性能良好；取代率超过50％后，再生混凝土随着干湿循环次数的增加，其抗硫酸盐侵蚀性能降低且破坏速率加快；取代率为100％时，干湿循环100次后再生混凝土的表面开始出现浆体剥落及再生粗骨料外露的现象。

通过以上分析可以看出，虽然国内外学者对再生混凝土进行了大量的研究，但再生混凝土耐久性能问题没有得到有效的解决，再生混凝土力学性能及耐久性能差的原因主要与再生骨料品质、取代率、W/C等因素有关，表明再生混凝土中复杂界面结构疏松、微细裂缝数量较多，为侵蚀性介质进入再生混凝土内部提供便利通道，为了得到这些薄弱区域对再生混凝土耐久性的影响规律，本书拟采用微观测试技术研究再生混凝土界面结构破坏规律，揭示再生混凝土耐久性能的损伤机理。

1.4.3 再生混凝土的应用

1. 国内应用进展

我国专家学者在建筑垃圾资源化利用及再生混凝土相关领域做了大量研究，并在建筑垃圾处理、再生产品及设备的研发、工程应用等方面取得了大量的研究成果。由于科教兴国及可持续发展战略，政府大力支持建筑垃圾资源化利用研究，科技部、交通部、国家自然科学基金委等政府部门相继出台科研立项政策。从 1997 年起，建设部就开始重点推广建筑废渣综合利用等科技项目；2004 年，交通部和科技部分别推出"水泥混凝土路面再生利用关键技术研究"和"建筑垃圾资源化利用"等科技研究计划；2006 年，科技部推出"十一五"科技支撑计划"建筑垃圾再生产品的研究开发"；2011 年，科技部推出"十二五"科技支撑计划"固体废弃物本地化再生建材利用成套技术"；2017 年，科技部相继将"工业及城市大宗固废制备绿色建材关键技术研究与应用"和"建筑垃圾资源化全产业链高效利用关键技术研究与应用"列入国家重点研发计划"绿色建筑及建筑工业化"重点专项，为相关标准及规范的出台提供了有利的理论与应用基础。

近年来，国家相关部委相继颁布的一系列宏观政策及法规都十分明确地将建筑环保产业作为未来战略性新型产业，也出台了一系列针对建筑垃圾资源化利用的政策和文件，推动了建筑垃圾处理行业的快速发展。2015 年，相继出台了《促进绿色建材生产和应用行动方案》和《循环经济推进计划》，明确提出了要继续加大对建筑垃圾资源化利用的力度及要求，并且在 2016 年，国务院发布了《国家重点支持的高新技术领域》和《"十三五"国家科技创新规划》，提出要大力发展建筑垃圾和建筑废物资源化再生利用技术以及开发新型再生建筑材料应用技术等。

为了保障建筑垃圾资源化利用工程应用及安全性，我国颁布了一系列法规、国家标准及行业标准，主要包括：由住房城乡建设部颁布的《城市建筑垃圾管理条例》（2005 年），由中国建筑科学研究院、青岛理工大学主编的《混凝土和砂浆用再生细骨料》（GB/T 25176—2010）和《混凝土用再生粗骨料》（GB/T 25177—2010），由中国建筑科学研究院和青建集团股份公司主编的《再生骨料应用技术规程》（JGJ/T 240—2011），由上海市环境工程设计科学研究院有限公司和中国城市环境卫生协会建筑垃圾管理与资源化工作委员会主编的《建筑垃圾处理技术标准》（CJJ/T 134—2019），由中国建筑科学研究院主编的《再生骨料混凝土耐久性控制技术规程》（CECS 385：2014），由北京市市政工程研究院主编的《道路用建筑垃圾再生骨料无机混合料》（JC/T 2281—2014）等，为国家建筑固废资源化利用提供技术支持，同时保障再生混凝土应用及产业发展。

堆满建筑垃圾的倾倒场和渣土山会产生土坡塌方、土壤及地下水、土体滑坡等严重的地质性灾害，给坝区周围的居民带来巨大的灾难。如 2008 年山西襄汾尾矿库溃坝事故，2015 年深圳市光明新区红坳渣土收纳场滑坡事故，就带来难以估量的生命和财产损失，为建筑垃圾资源化安全利用敲响了警钟。现全国各大城市依据自身建筑垃圾问题，在以上法律、法规及标准的基础上，相继出台了关于建筑垃圾资源化利用的地方政策条例，有力推动了建筑垃圾产业化的发展。

深圳市在建筑垃圾资源化利用技术等方面始终处于领先地位，于 2009 年颁布了《深圳市建筑废弃物减排与利用条例》，这是国内首部建筑垃圾资源化利用的地方法规。

2012 年，住建部将深圳市列为首个"建筑废弃物减排与综合利用试点城市"，要求所有政府投资项目及新建保障住房全面使用绿色再生建材产品，且在 2015 年建成全国首个建筑垃圾再利用生态示范工厂并成功向全国推广。

国家及地方相关政策的支持也是再生混凝土应用技术快速发展的一个关键因素。我国已有部分地区或企业走在了建筑垃圾资源化利用的前列。如北京市在 2012 年施行了《建筑垃圾土方砂石运输管理工作意见》，建筑垃圾的管理与处理"戴上 24 道紧箍"；绍兴市也在同年出台了《绍兴市区建筑泥浆处置管理暂行办法》，并制定了相应的实施细则，针对建筑垃圾的资源化利用与无害化处置创立了"五统一制度"；青岛市的建筑垃圾资源化利用企业在"十二五"期间实现飞速发展，总企业规划数量达到 15 家，消纳建筑垃圾总量超过 3500 万吨，实现产值近 43 亿元，并且青岛市城乡建设委员会在 2015 年开始对相关企业进行资金补助，实现了经济效益、社会效益和环境效益的全面丰收。

2. 国外应用进展

再生混凝土的研究工作最早始于欧洲国家，美国、日本等国家在第二次世界大战之后，在家园重建中注意到了废弃混凝土的重新利用问题，并开始了一系列相关的研究，多次召开关于废弃混凝土再生利用方面的会议。因此，"变废为宝"和废弃混凝土再生利用等问题俨然已成为国内外工程界和学术界共同关注的焦点问题。

美国是建筑垃圾资源化利用最早的国家之一，颁布了一系列关于建筑垃圾处置及利用的法律规定，并实现建筑垃圾再生利用的产业化及工程应用，早在 1982 年就将再生粗骨料纳入《混凝土骨料标准》（ASTM C33-82）中，并鼓励使用再生骨料混凝土。美国对建筑垃圾的资源化利用已经具有先进的技术装备及管理模式，按照建筑垃圾的种类及性质分成三个层次：首先，"初步利用"，在建筑物拆除过程中，就地对木料、玻璃、废弃混凝土进行初步分拣，经过现场分拣并回填后，初步利用的建筑垃圾可达到 50%左右；其次，"回收利用"，将拆除的建筑物中的基础构件或者路基垫层，回收并破碎处理筛分后，制成低品质的再生粗（细）骨料，主要用于制作再生蒸压砖、透水砖及路面砖等再生建筑材料，为了处理数量巨大的建筑垃圾，在许多城市都建立了建筑垃圾回收利用生产车间；最后，进行深度处理，将建筑垃圾中产生的可利用资源进行磨细、煅烧，将部分建筑垃圾烧制成沥青材料或者水泥基材料。

德国是建筑垃圾再生利用水平最好的国家之一，回收利用率达到 90%以上，并在 1998 年颁布了《混凝土再生骨料应用指南》，明确指出混凝土用再生骨料的基本性能必须完全符合德国国家标准规定天然骨料的要求。英国也相继颁布了《工业副产品及建筑与民用工程废弃物的利用》及再生骨料的相关标准。丹麦在 1989 年制定了再生骨料相关标准，并根据工程要求给予详细说明，建筑垃圾再生利用率达到 95%以上。

日本自 1958 年制定相关的法律法规，推进建筑垃圾资源化再生利用，再生利用率达到 90%，部分地区达到 100%。1991 年，日本政府制定颁布了《资源重新利用促进法》，其中明确规定在施工过程中产生的建筑垃圾必须运送至建筑垃圾处理厂中进行处理，从而保证建筑垃圾回收利用率，自 1994 年以来相继颁布了再生骨料及再生骨料混凝土的质量标准；1997 年，日本政府制定颁布了《利用再生骨料和再生混凝土规范》；到 2008 年，日本年建筑垃圾产生量约为 7000 万吨，总体再循环利用率超过 90%。由于日本资源相对匮乏，在早期日本国内已建成具有一定规模的建筑垃圾处理车间，随着技术发展及工艺的改进，根据建筑废弃的实际情况及市场需求，拆除及生产设备不断改良，所生产的再生建筑材料逐渐形成市场规模，并取得了一系列的成就。

荷兰是较早开始研究再生混凝土的国家，明确提出了关于在工程建设中使用再生混凝土的具体规定，同时政府也出台了一系列标准规程，对再生骨料的使用量及相关技术要求做出了明确要求。其中明确规定再生骨料在再生混凝土中的用量小于骨料总用量的 20%，可以依据普通混凝土的技术要求和相关设计方法生产再生混凝土。

在 1990 年，丹麦颁布了一系列修正案，按照强度将废弃混凝土分为两类，第一类是废弃混凝土强度在 20MPa 以下，第二类强度在 20~40MPa，这些再生骨料在使用的过程中必须满足一定的技术要求。

参考文献

[1] 黄秀亮，王成刚，柳炳康. 再生混凝土抗碳化性能研究 [J]. 合肥工业大学学报，2013，36 (11)：1343-1346.

[2] 李秋义，韩帅，孔哲，等. 物理化学强化对再生混凝土抗碳化性能的影响 [J]. 铁道建筑，2016 (2)：157-161.

[3] 雷斌，肖建庄. 再生混凝土抗碳化性能的研究 [J]. 建筑材料学报，2008，11 (5)：605-611.

[4] EVANGELISTA L，BRITO J. Durability performance of concrete made with fine recycled concrete aggregates LJJ. Cement and Concrete Composites，2010，32 (1)：9-14.

[5] XIAO J Z，LEI B，ZHANG C Z. On carbonation behavior of recycled aggregate concrete [J]. Science China Technological Sciences，2012，55 (9)：2609-2616.

[6] 崔正龙，路沙沙，汪振双. 再生骨料特性对再生混凝土强度和碳化性能的影响 [J]. 建筑材料学报，2012，15 (4)：264-267.

[7] 应敬伟，肖建庄. 再生骨料取代率对再生混凝土耐久性的影响 [J]. 建筑科学与工程学报. 2012，29 (1)：56-62.

[8] 叶腾，徐毅慧，张锦. 再生混凝土抗氯离子渗透性能试验研究 [J]. 长春工业大学学报，2014，35 (5)：567-571.

[9] OLORUNSOGOFT，PADAYACHEE N. Performance of recycled aggregate concrete monitored by dura-bility indexesJ. Cement and Concrete Research，2002，32 (2)：179-185.

[10] VAZQUEZ E，BARRA M，APONTE D，et al. Improvement of the durability of concrete with recycled aggregates in chloride exposed environment [J]. Construction and Building Materials，2014 (67)：61-67.

[11] 韩帅，李秋义，张修勤，等. 再生粗骨料品质和取代率对再生混凝土收缩性能的影响 [J]. 铁道建筑，2015 (11)：142-146.

[12] 肖建庄，许向东，范玉辉．再生混凝土收缩徐变试验及徐变神经网络预测［J］．建筑材料学报，2013，16（5）：752-757.

[13] 霍俊芳，李晨霞，侯永利，等．再生粗骨料混凝土收缩徐变性能试验［J］．硅酸盐通报，2017，36（2）：723-726.

[14] 张晓华，张仕林，龙倩．再生混凝土收缩性能及模型［J］．水利与建筑工程学报，2016，14（5）：105-109.

[15] 安新正，郭恒，李莎莎，等．再生粗骨料粒径对再生混凝土早期开裂影响研究［J］．河北工业大学学报，2014，31（1）：1-5.

[16] DOMINGO A, LAZARO C. Creep and shrinkage of recycled aggregate concrete LJJ. Construction and Building Materials, 2009, 23 (7): 2545-2553.

[17] SOBERON G, VICENTE M J. Shrinkage of concrete with replacement of aggregate with recycled concrete aggregate [J]. ACI Special Publication SP209-26, 475-496.

[18] 邹超英，王勇，胡琼．再生混凝土徐变度试验研究及模型预测［J］．武汉理工大学学报，2009，31（12）：94-98.

[19] 岳公冰，李秋义，高嵩．再生细骨料的品质及取代率对混凝土抗冻性能的影响［J］．自然灾害学报，2015，24（5）：223-228.

[20] 张秋美，谢永利，刘保健，等．再生细骨料对混凝土力学及抗冻性能的影响［J］．江苏大学学报，2017，38（1）：119-124.

[21] 孙家瑛，耿健．再生细骨料粒径及掺量对混凝土抗冻性能的影响［J］．建筑材料学报，2012，159（3）：382-385.

[22] GOKCE A, NAGATAKI S, SAEKI T, et al. Freezing and thawing resistance of air-entrained concrete incorporating recycled coarse aggregate: the role of aircontent in demolished concrete [J]. Ce-ment and Concrete Research, 2004, 34 (5): 799-806.

[23] SALEM R M, BURDETTE E G, JACKSON N M. Resistance to freezing and thawing of recycled aggregate concreteJ. ACI Materials Journal, 2003, 100 (3): 216-221.

[24] 闫宏生．再生混凝土的硫酸盐腐蚀试验研究［J］．混凝土，2013，（5）：13-20.

[25] 张凯，陈亮亮，侍克斌，等．不同取代率再生骨料混凝土硫酸根离子扩散试验［J］．科学技术与工程，2016，16（31）：275-280.

[26] 唐灵，张红恩，黄琪，等．粉煤灰基地质合物再生混凝土的抗硫酸盐性能研究［J］．四川大学学报，2015，47（1）：164-170.

[27] DHIR R K, LIMBACHIYA M C. Suitability of recycled aggregate for use in BS 5328 designated mixes [C]. Proceedings of the Institution of Civil Engineers, 1999, 134 (3): 257-274.

[28] 中华人民共和国国家质量监督检验检疫总局，中国国家标准化管理委员会．混凝土用再生粗骨料：GB/T 25177—2010［S］．北京：中国标准出版社，2011.

[29] 中华人民共和国国家质量监督检验检疫总局，中国国家标准化管理委员会．混凝土和砂浆用再生细骨料：GB/T 25176—2010［S］．北京：中国标准出版社，2011.

[30] SUBHASIS PRADHAN, SHAILENDRA KUMAR, SUDHIRKUMAR V BARAI. Recycled ag-gregate concrete: particle packing method (PPM) of mix design approach [J]. Construction and Building Materials, 2017, 152: 269-284.

［31］GEORGE WARDEH，ELHEM GHORBEL，HECTOR GOMART. Mix design and properties of recycled aggregate concretes：applicability of eurocode 2LJ. International Journal of Concrete Structures and Mate-rials，2015，9（1）：1-20.

［32］史魏，侯景鹏. 再生骨料混凝土技术及配合比设计方法［J］. 建筑技术开发，2008（8）：18-20.

［33］张亚梅，秦鸿根，孙伟，等. 再生混凝土配合比设计初探［J］. 混凝土与水泥制品，2002（2）：7-9.

［34］中华人民共和国住房和城乡建设部. 再生骨料应用技术规程：JGJ 240—2011［S］. 北京：中国建筑工业出版社，2011.

第 2 章 再生骨料的制备与品质控制技术

2.1 再生骨料的制备技术

2.1.1 建筑垃圾破碎工艺

国内外再生骨料的简单破碎工艺大同小异，主要是将不同的破碎设备、传送机械、筛分设备和清除杂质的设备有机地组合在一起，共同完成破碎、筛分和去除杂质等工序。

1. 国外破碎工艺

（1）俄罗斯

鉴于废弃混凝土中往往混有金属、玻璃及木材等杂质，在再生骨料生产工艺流程中，特别设置了磁铁分离器与分离台等装置，以便去除铁质成分，如图 2-1 所示。

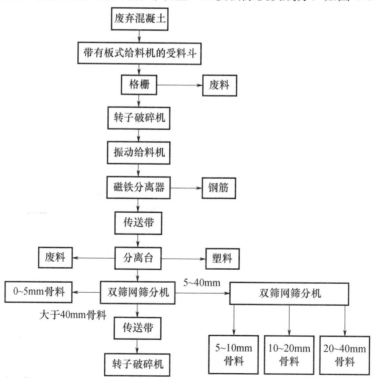

图 2-1 俄罗斯的再生骨料破碎生产工艺流程

该处理过程配备了两台转子破碎机，分别对混凝土进行预破碎与二次破碎。预破碎完毕后，骨料经第一台双筛网筛分机处理，被分成 0～5mm、5～40mm 及 40mm 以上的三种粒径。在一般结构混凝土中，骨料粒径一般不大于 40mm。因此，为了充分利用废弃混凝土资源，该工艺将 40mm 以上的碎石再次破碎，使粒径控制在 0～40mm 之间。

（2）德国

德国的再生骨料破碎生产工艺流程如图 2-2 所示。先用颚式破碎机对废弃混凝土进行破碎，然后进行筛分，最后得到 0～4mm、4～16mm、16～45mm 以及 45mm 以上的颗粒级配[1]。

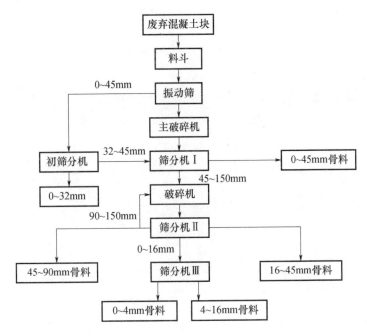

图 2-2　德国的再生骨料破碎生产工艺流程

（3）日本

在日本，生产再生骨料的工艺流程中比较成熟的技术为块体破损、骨料筛分，所以在加工过程中重点对废弃混凝土的筛选、清洁、冲洗等步骤的质量进行认真检查，生产工艺流程如图 2-3 所示。其生产过程可划分为以下三个步骤[2-4]：

① 预处理阶段：先将废弃混凝土中的废物去除，再将其放入颚式破碎机中，破碎成粒径约为 40mm 的颗粒。

② 碾磨阶段：在转动的偏离筒中加入预处理阶段得到的颗粒，使颗粒之间互相撞击、摩擦，从而将黏附于颗粒表面的水泥浆去除。

③ 筛分阶段：筛分上一阶段得到的颗粒，将砂、水泥等微小颗粒去除，剩下的就是再生骨料。

拥有填充型加热装置是该生产工艺最明显的特色，通过加热、二级破碎及筛分后可以得到质量较高的产品，但与此同时成本也会相应地增加。

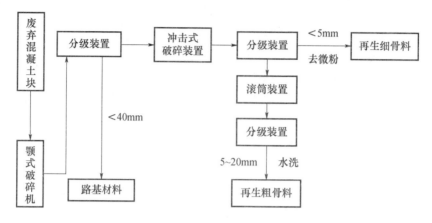

图 2-3 日本的再生骨料破碎生产工艺流程

2. 国内破碎工艺

我国研究废弃混凝土的时间相对较晚，主要采用破碎和筛分两种方式，缺少强化处理阶段。史巍等人在生产再生骨料的过程中设计了风力分级设备，如图 2-4 所示，将粒径为 0.15～5mm 的颗粒用（风力分级、吸尘）设备分离。该设计为以后对再生细骨料进行循环利用奠定了基础[5-6]。

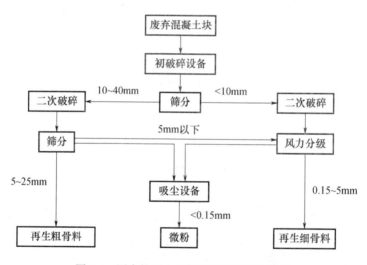

图 2-4 国内的再生骨料破碎生产工艺流程

2.1.2 建筑垃圾分选技术简介

虽然我国使用建筑垃圾中的废弃混凝土块制作再生砂浆及混凝土、再生墙体材料、再生保温砌块等技术已经比较成熟，但分选技术还处于粗放型处理阶段，处理成本高，处理的产品附加值低。目前主要的建筑垃圾分选技术有如下几种[7]。

1. 体积法

按照体积的不同，将建筑垃圾分为砂土、废黏土砖和废混凝土三大类。体积法分选依据滚轴筛原理，其滚轴上的分拣叶片为椭圆形，相邻两个分拣叶片为 90°相互垂直，两个分拣叶片利用速度差完成废砖的旋转、侧翻、直立和落下，进而完成废砖的分选。

2. 光电色选法

光电色选机是利用光学系统检测到的异色粒分选剔除，由电控系统控制。物料从被检测到差值信号再到分选点的运动时间，要与分选信号发出到分选机构动作这一延时时间相匹配[8]。物料进入分选系统后，合格品沿正常的轨道落入接料口，而不合格品或杂质则被喷嘴发射出的脉冲式压缩空气吹离正常的运动轨道，落入废料通道而被剔除。它综合应用了电子学、生物学等新技术，是典型的光、机、电一体化的高新技术设备。由于光电色选机是通过颜色进行分选的，故可以最大限度地提高物料品质。

光电色选机主要由喂料系统、光学系统、电控系统和分选系统构成，其中光学系统为色选机的核心部分，直接影响后续信号的处理，其光路结构、观察方式等直接影响整机的性能特点、成本寿命等，具体工作原理如图 2-5 所示。

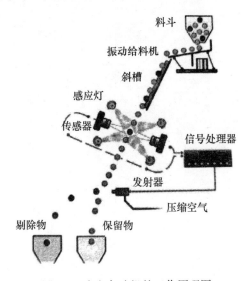

图 2-5　光电色选机的工作原理图

3. 风选分类法

一般将建筑垃圾中的废纸、废塑料、废木材等杂质称为轻物质。风选分类法的目的是把这些杂质去除。风选分类法是以空气为分选介质，通过气流作用对固废颗粒按密度和粒度差异进行分选。在采用风选分类法之前，需要先对建筑垃圾进行破碎筛分预处理最后才进入轻物质分选机内进行分选。通过调整轻物质分选机的风速和截面尺寸，就可以将建筑垃圾中的这些轻物质去除[9-11]。

4. 磁选分类法

磁选机用于去除再利用粉状粒体中的铁粉等。磁选机可广泛用于木材业、矿业、窑业、化学、食品等工业，适用于粒度为 3mm 以下的磁铁矿、焙烧矿、钛铁矿等物料的湿式磁选，也用于煤、非金属矿、建材等物料的除铁作业，是产业界使用最广泛的、通用性最高的机种之一，非常适用于具有磁性差异物质的分离。建筑垃圾中含有大量的钢筋，为去除这些钢筋，可采用磁选法。磁选法一般采用两种除铁设备，即自卸式除铁器和电磁滚筒。

5. 涡电流分类法

由于建筑垃圾中存在一些无磁性的非铁金属，无法用磁选法去除，因此可以选用涡电流分类法进行处理。涡电流分选（Eddy current separation，ECS）是利用物质电导率不同的一种分选技术。永久磁石镶成的磁石转筒高速旋转，产生一个交变磁场，当现有导电性能的金属通过磁场时，将在金属内产生涡电流。涡电流本身产生交变磁场，并与磁石转筒产生的磁场方向相反，即对金属产生排斥力（洛伦兹力），使金属从料流中分离出来，达到分选的目的[12-13]。

国内涡电流分选机基本是通用型的，如图 2-6 所示。其结构可分为分选机主体和控制柜两部分，主体部分主要由磁辊、喂料系统、分料系统、罩体和机架等机构组成。

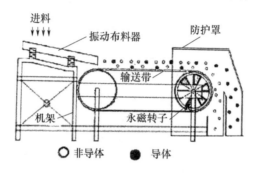

图 2-6　涡电流分选机结构示意图

6. 离心分类法

离心分离机是利用离心作用，分离固体颗粒混合物中各组分的机械，又称为离心机。将混凝土和轻质砌块破碎筛分，粒径相近的物料离心分离效果比较好。由于离心力的作用，混凝土物料向上运动，轻质砌块向下运动，从而实现混凝土和轻质砌块的有效分离。

7. 跳汰分选法

巴西的研究人员通过跳汰分选法，采用专门的设备实现了建筑拆除垃圾再生骨料中混凝土、砖块、砂浆的初步分层，如图 2-7 所示，但目前的技术仅限于实验室研究的初级阶段。跳汰机一般用来选矿或者选煤，属于深槽分选作业，它用水作为选矿介质，利用所选矿物与脉石的密度差进行分选。跳汰机多属于隔膜式，其工作结构有跳汰室、鼓动水流运动的动作机构和产品排出机构。跳汰室内筛板用冲孔钢板、编织铁筛网或算条做成，水流通过筛板进入跳汰室使床层升起不大的高度并略呈松散状态，密度大的颗粒因局部压强及沉降速度较大而进入底层，密度小的颗粒则转移到上层，从而实现材料分选[14]。

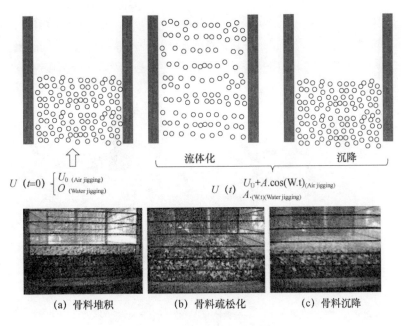

$$U\ (t=0)\begin{cases}U_0\ \text{(Air jigging)}\\O\ \text{(Water jigging)}\end{cases}\qquad U\ (t)\begin{cases}U_0+A.\cos(\text{W.t})_{\text{(Air jigging)}}\\A._{(\text{W.t})(\text{Water jigging})}\end{cases}$$

(a) 骨料堆积　　　　　(b) 骨料疏松化　　　　　(c) 骨料沉降

图 2-7　跳汰分选法示意图

2.1.3　再生骨料的强化技术

1. 再生骨料强化的必要性

由于不同强度等级的废弃混凝土通过简单破碎与筛分制备出的再生骨料性能差异很大，通常混凝土强度越高，制得的再生骨料性能越好；反之，制得的再生骨料性能越差。不同建筑物或同一建筑物的不同部位所用混凝土的强度等级不尽相同，因此将废弃混凝土块直接通过简单破碎、筛分制备的再生骨料不仅性能差，而且质量离散性也较大，不利于再生骨料的推广应用。同时，再生骨料及再生混凝土的性能与再生骨料的品质密切相关，简单破碎再生骨料的品质低，严重影响所配制再生混凝土的性能。

为了充分利用废混凝土资源，使建筑业走上绿色可持续发展道路，必须对简单破碎获得的低品质再生骨料进行强化处理，提高再生骨料的品质，这对于改善再生混凝土的性能，推广再生混凝土的应用具有重要意义。再生骨料的强化方法可以分为化学强化法和物理强化法。由于化学强化法成本较高，效果也不显著，因此不建议使用。

2. 物理强化法

所谓物理强化法，是指使用机械设备对简单破碎获得的再生骨料进行进一步处理，通过骨料之间的相互撞击、磨削等机械作用除去表面黏附的水泥砂浆和颗粒棱角。物理强化方法主要包括机械研磨强化法（立式偏心装置研磨法、卧式回转研磨法）、加热研磨法和颗粒整形强化法等。

（1）立式偏心装置研磨法。由日本竹中工务店研制开发的立式偏心装置研磨设备如图 2-8 所示[15-16]。该设备主要由外部筒壁、内部高速旋转的偏心轮和驱动装置组成。设备构造有点类似锥式破碎机，不同点是转动部分为柱状结构，而且转速高。立式偏心研磨装置的外筒内径为 72cm，内部高速旋转的偏心轮的直径为 66cm。预破碎好的物料进入内外装置间的空腔后，受到高速旋转的偏心轮的研磨作用，使得黏附在骨料表面的水泥浆体被磨掉。由于颗粒间的相互作用，骨料上较为凸出的棱角也会被磨掉，从而使再生骨料的性能得以提高。

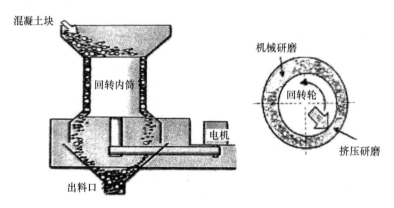

图 2-8　立式偏心装置研磨设备示意图

（2）卧式回转研磨法。由日本太平洋水泥株式会社研制开发的卧式强制研磨设备十分类似于倾斜布置的螺旋输送机[17-18]，只是将螺旋叶片改造成带有研磨块的螺旋带，在机壳内壁上也布置着大量的耐磨衬板，并且在螺旋带的顶端装有与螺旋带相反转向的锥形体，以增加对物料的研磨作用。进入设备内部的预破碎物料，由于受到研磨块、衬板以及物料之间的相互作用而被强化。

（3）加热研磨法。由日本三菱公司研制开发的加热研磨法的工作原理如图 2-9 所示。初步破碎后的混凝土块经过 300℃ 左右高温加热处理，使水泥石脱水、脆化，而后在磨机内对其进行冲击和研磨处理，以有效除去再生骨料中的水泥石残余物。这种加热研磨处理工艺不但可以回收高品质的再生粗骨料，还可以回收高品质的再生细骨料和微骨料（粉料）[19]。加热温度越高，研磨处理越容易，但是当加热温度超过 500℃ 时，不仅使骨料性能产生劣化，而且加热与研磨的总能量消耗会显著提高 6～7 倍。加热研磨法的工艺流程如图 2-10 所示。

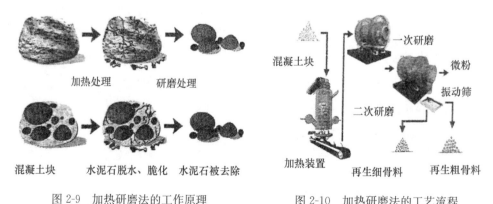

图 2-9　加热研磨法的工作原理　　　　图 2-10　加热研磨法的工艺流程

（4）颗粒整形强化法。所谓颗粒整形强化法，就是通过再生骨料高速自击与摩擦来去掉骨料表面附着的硬化砂浆或水泥石，并除掉骨料颗粒上较为凸出的棱角，使粒形趋于球形，从而实现对再生骨料的强化。颗粒整形设备由主机系统、除尘系统、电控系统、润滑系统和压力密封系统组成，如图 2-11 所示。其工作原理如图 2-12 所示。

图 2-11　颗粒整形设备外型

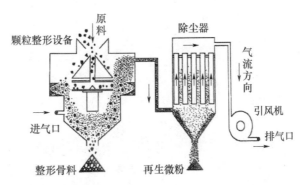

图 2-12　颗粒整形结构和工作原理

通过前面三种强化处理工艺可以看出，国外强化工艺设备磨损大、动力与能量消耗大。与之相比，颗粒整形设备易损件少，动力消耗低，设备体积小，操作简便，安装和维修方便，是一种经济实用的加工处理方法。

3. 化学强化法

国内外专家学者曾经利用化学方法对再生骨料进行强化研究，采用不同性质的材料（如聚合物、有机硅防水剂、纯水泥浆、水泥外掺 Kim 粉、水泥外掺 I 级粉煤灰等）对再生骨料进行浸渍、淋洗、干燥等处理，使再生骨料得到强化。

（1）用聚合物（PVA）和有机硅防水剂处理。先将 1％PVA 溶液用水稀释 2～3 倍，并搅拌均匀，然后把再生骨料倒入溶液中，浸泡 48h。在此期间，用铁棒加以搅拌或用力来回颠簸，尽量赶走骨料表面的气泡，使其充分浸润强化。最后用带筛孔的器皿将再生骨料捞出，淋洗后在 50～60℃的温度下进行烘干处理[20-21]。

将有机硅防水剂用水稀释 5～6 倍，搅拌均匀后，把再生骨料倒入稀释的有机硅溶液中，浸泡 24h，操作方法同用聚合物处理。

经聚合物和有机硅防水剂处理过的再生骨料的吸水率有较大程度的降低。经有机硅防水剂处理的再生骨料，24h 吸水率很小，表明有机硅防水剂对再生骨料的强化效果较好。

（2）用水泥浆液处理。该方法是用事先调制好的高强度水泥浆对再生骨料进行浸泡、干燥等强化处理，以改善再生骨料的孔结构来提高再生骨料的性能。为了改善水泥浆的性能，可以掺入适量的其他物质，如粉煤灰、硅粉、Kim 粉等。

（3）用聚合物（PVA）外裹水泥浆液处理。该方法是在水泥浆裹骨料工艺的基础上，通过在再生骨料表面喷洒聚乙烯醇溶液形成聚乙烯醇黏结层，然后在聚乙烯醇黏结层表面再包裹一层水泥浆液，形成水泥外壳，从而增加了再生骨料对水泥的黏附力，达到进一步提高再生混凝土强度的目的[22]。

2.2 再生骨料的技术要求

2.2.1 再生粗骨料的技术要求

《混凝土用再生粗骨料标准》（GB/T 25177—2010）由中国建筑科学研究院、青岛理工大学、同济大学等单位负责编制，在总结国内外对再生粗骨料研究和应用的基础上，基于混凝土用粗骨料的技术性能要求，并参考了《建筑用卵石、碎石》（GB/T 14685—2011）的相关内容而制定。该标准适用于配制混凝土的再生粗骨料。

在《混凝土用再生粗骨料标准》（GB/T 25177—2010）中，为了合理使用再生骨料，确保工程质量，把再生粗骨料划分为Ⅰ类、Ⅱ类、Ⅲ类。针对再生粗骨料的颗粒级配，根据骨料粒径尺寸的不同分为单粒级和连续粒级，具体要求见表 2-1；针对再生粗骨料的微粉含量、泥块含量、表观密度、空隙率、针片状颗粒含量、坚固性、压碎指标、吸水率、有害物质含量（主要为有机物、硫化物及硫酸盐和氯化物）和杂物含量等主要性能指标的具体要求见表 2-2；针对再生粗骨料的碱-骨料反应（主要为碱-硅酸反应、快速碱-硅酸反应和碱-碳酸盐反应），要求制备的试件无酥裂、裂缝或胶体外溢等现象发生，且膨胀率应小于 0.10%。

表 2-1 再生粗骨料的颗粒级配

公称粒径（mm）		累计筛余（%）							
		方孔筛筛孔边长（mm）							
		2.36	4.75	9.50	16.0	19.0	26.5	31.5	37.5
单粒级	5～10	95～100	80～100	0～15	0	—	—	—	—
	10～20	—	95～100	85～100	—	0～15	0	0～10	—
	16～31.5	—	95～100	—	85～100	—	—	—	0
连续粒级	5～16	95～100	85～100	30～60	0～10	0	—	—	—
	5～20	95～100	90～100	40～80	—	0～10	0	—	—
	5～25	95～100	90～100	—	30～70	—	0～5	0	—
	5～31.5	95～100	90～100	70～90	—	15～45	—	0～5	0

表 2-2 再生粗骨料分类与技术要求

项目	指标		
	Ⅰ类	Ⅱ类	Ⅲ类
颗粒级配（最大粒径不大于 31.5mm）	合格	合格	合格
有机物含量（比色法）	合格	合格	合格
碱-骨料反应	合格	合格	合格
表观密度（kg/m³），>	2450	2350	2250

续表

项目	指标		
	Ⅰ类	Ⅱ类	Ⅲ类
空隙率（%），<	47	50	53
坚固性（质量损失）（%），<	5.0	10.0	15.0
硫化物及硫酸盐含量（按 SO_3 质量计）（%），<	2.0	2.0	2.0
氯化物（以氯离子质量计）（%），<	0.06	0.06	0.06
其他物质含量（%），<	1.0	1.0	1.0
压碎指标（%），<	12	20	30
微粉含量（按质量计）（%），<	1.0	2.0	3.0
泥块含量（按质量计）（%），<	0.5	0.7	1.0
吸水率（按质量计）（%），<	3.0	5.0	8.0
针片状颗粒含量（按质量计）（%），<	10	10	10

从表 2-2 可以看出，影响再生粗骨料等级划分的核心技术指标为吸水率、表观密度、压碎指标、坚固性和空隙率，这些指标均与再生粗骨料表面附着的硬化水泥砂浆的量与质（原混凝土的强度）有关。

2.2.2　再生细骨料的技术要求

在总结国内外对再生细骨料研究和应用的基础上，《混凝土和砂浆用再生细骨料》（GB/T 25176—2010）基于混凝土和砂浆对所用细骨料的技术性能要求，并参考了《建筑用砂》（GB/T 14684—2011）的相关内容而制定。在《混凝土和砂浆用再生细骨料》（GB/T 25176—2010）中，把再生细骨料划分为Ⅰ类、Ⅰ类、Ⅲ类。再生细骨料按细度模数分为粗、中、细三种规格，其分类方法同该标准内容。

《混凝土和砂浆用再生细骨料》（GB/T 25176—2010）对再生细骨料各项技术指标的要求见表 2-3。其中，出厂检验项目包括颗粒级配、细度模数、微粉含量、泥块含量、胶砂需水量比、表观密度、堆积密度和空隙率；型式检验包括除碱-骨料反应外的所有项目；碱-骨料反应根据需要进行。为了对再生骨料品质进行划分，对表观密度、堆积密度、空隙率、坚固性、压碎指标、微粉含量、泥块含量、胶砂需水量比和胶砂强度比 9 项指标按相关要求进行分类。

表 2-3　再生细骨料的分类与质量要求

项目	指标		
	Ⅰ类	Ⅱ类	Ⅲ类
颗粒级配	合格	合格	合格
有机物含量（比色法）	合格	合格	合格
碱-骨料反应	合格	合格	合格

项目		指标		
		Ⅰ类	Ⅱ类	Ⅲ类
表观密度（kg/m³），>		2450	2350	2250
堆积密度（kg/m³），>		1350	1300	1200
空隙率（%），<		46	48	52
最大压碎指标值（%），<		20	25	30
饱和硫酸钠溶液中质量损失（%），<		7.0	9.0	12.0
硫化物及硫酸盐含量（按 SO_3 质量计）（%），<		2.0	2.0	2.0
氯化物（以氯离子质量计）（%），<		0.06	0.06	0.06
云母含量（按质量计）（%），<		2.0	2.0	2.0
轻物质含量（按质量计）（%），<		1.0	1.0	1.0
微粉含量（按质量计）（%），<	亚甲蓝 MB 值<1.40 或合格	5.0	6.0	9.0
	亚甲蓝 MB 值≥1.40 或不合格	1.0	3.0	5.0
泥块含量（按质量计）（%），<		1.0	2.0	3.0
再生胶砂需水量比，≤	细	1.35	1.55	1.80
	中	1.30	1.45	1.70
	粗	1.20	1.35	1.50
再生胶砂强度比，≤	细	0.80	0.70	0.60
	中	0.90	0.85	0.75
	粗	1.00	0.95	0.90

从表 2-3 可以看出，再生细骨料等级划分的主要技术指标为表观密度、压碎指标、胶砂需水量比、胶砂强度比、空隙率、微粉含量与泥块量等。其中，胶砂需水量比、胶砂强度比是我国标准中的特色指标。

2.3 再生骨料的品质控制技术

2.3.1 再生骨料的特点

废弃混凝土的来源十分复杂（主要表现在服役环境、强度差异、胶凝材料组成、骨料级配及废弃混凝土使用年限等方面），加工制得的再生骨料与天然骨料存在明显的差异，这主要是由再生骨料表面附着砂浆引起的。

1. 简单破碎再生骨料性能差

再生骨料棱角多、表面粗糙，表面含有大量硬化水泥砂浆，内部存在大量结构疏松的界面，导致再生骨料的空隙率大、吸水率大、堆积密度小、堆积空隙率大和压碎指标值高。由于骨料与硬化水泥砂浆黏结界面是混凝土中最薄弱环节，因此废弃混凝土的强度等级越低、再生骨料表面含有硬化水泥砂浆的数量越多，则再生骨料品质越差。

2. 简单破碎再生骨料品质波动大

由于不同建筑物或同一建筑物的不同部位所用混凝土的强度等级不尽相同，因此简单破碎再生骨料离散性非常大。废弃混凝土来源的复杂性和强度等级的高波动性，导致简单破碎再生骨料产品的离散性较大，不利于产品在结构工程中的应用。

再生骨料由废弃混凝土破碎、筛分、加工而成，从图 2-13 可以明显看到再生粗骨料表面部分附着废旧砂浆，且不易剥落。再生骨料是原天然骨料与废旧水泥砂浆的复合体，其中老骨料是连续相，废旧砂浆为非连续相。再生骨料包含原天然骨料（老骨料）、废旧砂浆（老砂浆）及老界面，老界面只是局部存在。

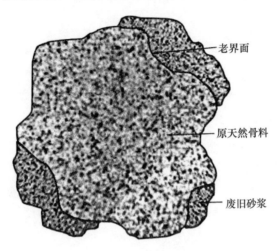

图 2-13　再生骨料界面组成

再生骨料表面的附着砂浆使得再生骨料表面粗糙，且老砂浆及老界面内部存有大量的微细孔隙及裂缝等内部缺陷，使得老砂浆与老界面结构相对较为疏松、黏结强度降低、空隙率高，导致再生骨料吸水率高、表观密度及堆积密度小、压碎指标值大，再生骨料品质明显差于天然骨料，影响再生混凝土的力学性能及耐久性能[23-24]。

针对再生粗骨料表面存在较多的废旧砂浆，李秋义、岳公冰等[25]利用煅烧-研磨法确定了附着砂浆含量，并基于再生粗骨料基本性能，提出了再生粗骨料内部缺陷的表征方法。

2.3.2　再生粗骨料附着砂浆定量分析

1. 试验原理

混凝土的性能主要受水泥浆体、粗骨料及二者结合处的界面过渡区性能影响。由于骨料和砂浆本身材质不同，两者的热膨胀系数存在较大差异，本试验利用附着砂浆、水泥石及粗骨料因温度改变而产生热应变，在热应变产生的同时，在骨料与浆体之间产生热应力，再生粗骨料表面的老界面会因为热应力的发展增大而出现损伤，这些损伤随着温度的提高在老界面处逐渐累积，并产生较为明显的微细裂缝，老界面黏结力明显降低，同时，C-S-H 凝胶体高温脱水后，也会产生较大的收缩。因此经过高温煅烧后废旧砂浆开始变脆且硬度值明显降低，而老骨料硬度值无明显变化，通过外力作用下能够轻易地将附着在再生粗骨料表面上的废旧砂浆分离。本试验利用高速旋转的球磨珠的相互碰撞原理，可轻易地将再生粗骨料表面的附着砂浆与老骨料分离，从而确定再生粗骨料附着砂浆的含量。武汉理工大学的曹蓓蓓[26]研究了水泥砂浆和骨料在不同温度下的热膨胀差异，利用线膨胀表示不同材料受温度影响的伸长率，见表 2-4。

表 2-4 废弃混凝土组分的线膨胀

试样	线膨胀（%）				
	室温～70℃	室温～120℃	室温～400℃	室温～600℃	室温～700℃
砂浆 A	0.06	0.13	0.35	0.89	0.79
砂浆 B	0.05	0.12	0.30	0.76	0.68
石灰岩	0.04	0.08	0.43	0.85	1.22
卵石	0.03	0.08	0.37	0.72	1.26

表 2-4 说明随着温度变化，各组分的膨胀系数也会变化。当温度≤120℃时，石灰岩与砂浆 B 的线膨胀仅相差 0.04%；而当温度达到 400℃时，石灰岩的线膨胀比砂浆 B 高 0.13%；当温度达到 700℃时，粗骨料的膨胀率大约是砂浆线膨胀率的 2 倍，有较大的线膨胀差异。热膨胀产生较大的应力差使得再生粗骨料中的石灰岩与老砂浆的热相容性变差，从而导致界面过渡区容易产生较大的损伤，使再生粗骨料的整体结构性能发生破坏。

由于高温煅烧只能去除再生粗骨料表面的砂浆和水泥石，为了提高分离效率，利用再生粗骨料中老界面在高温煅烧后产生微小的裂纹，界面过渡区较为疏松，因此将加热后的骨料放入行星式球磨机中进行球磨，通过物料与物料、球磨珠与物料之间的相互撞击及磨削，使得废旧砂浆从再生粗骨料表面剥离，清除废旧砂浆的同时也减少了再生粗骨料表面较为突出的棱角，最终使骨料颗粒趋于圆滑，以此来实现对再生骨料的球磨效果。

砂浆中的砂粒致密性较好，具有硬度高、强度大、颗粒不规则等特点。由胶凝材料、未水化水泥熟料、微细孔隙及裂缝等组成的非均质体水泥石，相对硬度远远不如砂浆。在球磨时水泥石率先被磨损下来，砂浆中的砂粒被磨细，为了能够更高效地去除砂浆和水泥石，本试验所用的球磨珠为高精度氧化锆球。这种高精度氧化锆球具有以下优点：①颗粒圆滑、表观密度大、强度高，是完美精细的球状颗粒，粒径范围较大；②韧性极好、抗冲击性能好、不易产生破碎；③由于其粒形好使得磨耗低，对设备的磨损极小[27]。基于许多再生粗骨料的外观形状不规则（图 2-14），如使用较大粒径的球磨珠，骨料中许多部位（图中 a、b、c、d 处所示）无法与磨珠接触，实现不了研磨效果，只能研磨包裹在原天然骨料表面较为突出部分的废旧砂浆。因此经过多次尝试及探索，使用连续粒级的球磨珠进行研磨可以较为彻底地清除原天然骨料表面任何部位的废旧砂浆，从而得到精确的再生粗骨料的附着含量。

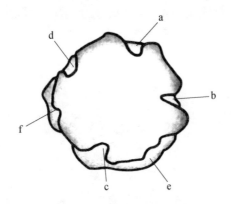

图 2-14　再生粗骨料模型

基于以上原理，为了更高效率地将再生粗骨料表面附着的砂浆分离，李秋义、岳公冰等通过煅烧-球磨法除去附着在再生粗骨料表面的砂浆，观察不同温度下不同品质再生粗骨料外貌形态变化并结合球磨后砂浆的剥离率确定最佳煅烧温度和球磨时间[28-29]。通过对不同品质的再生粗骨料研磨可达到以下目的：①确定不同品质再生骨料砂浆的附着含量；②综合分析确定提升再生粗骨料品质的最佳煅烧温度和球磨时间。

2. 试验流程

将粒径均为 5～25mm 的天然粗骨料和Ⅰ类、Ⅱ类及Ⅲ类待测再生粗骨料清洗、除杂烘干后，每种粗骨料选取 20kg，放置于煅烧炉中煅烧 6h，煅烧温度以 100℃为一梯度逐渐递增，另设常温对照组。将煅烧后的骨料取出用风扇急冷处理，将冷却的骨料立刻进入下一试验环节。

按照行星式球磨机使用要求（装料最大容积为研磨罐容积的 $\frac{2}{3}$，余下的 $\frac{1}{3}$ 为运转空间），将经过不同温度高温煅烧、冷却处理后的再生粗骨料放置于最大转速为 150r/min 的行星式球磨机中，各研磨桶中再生粗骨料质量为 0.5kg，每次可研磨 2.0kg，各类再生粗骨料均研磨 3 次后取平均值。为了消除研磨过程中对原天然骨料的损耗及影响，采用相同方法对纯天然骨料进行研磨，将其作为对照组。对各类骨料的研磨时间依次控制在 5min、10min、15min、20min、25min 和 30min，达到规定的研磨时间后，对各研磨桶材料进行筛分，称量并记录不同研磨时间骨料的剩余量 M，并计算相邻两个研磨时间点的质量损失率，当再生粗骨料的质量损失率与原天然骨料趋近相同时即可终止研磨，即去除的附着砂浆量为：

$$A=\frac{M_{天然}-M_{RCA}}{M_{样品}}\times 100\% \tag{2-1}$$

式中　A——去除的附着砂浆量，%；

M_{RCA}——球磨后再生粗骨料质量，g；

$M_{天然}$——球磨后天然粗骨料质量，g；

$M_{样品}$——球磨前样品的质量，g。

观察煅烧后的再生骨料外貌发现，老界面出现明显的裂纹，且界面过渡区及砂浆基体结构较为疏松，但骨料的外观无明显变化。经过不同煅烧温度及研磨时间处理后，再生骨料与原天然骨料粒径接近于卵石，且再生粗骨料表面基本无附着砂浆存在。

2.3.3 砖块含量对再生骨料性能的影响

由于建筑垃圾料源成分复杂，众多砖混类建筑垃圾的品质较低，无法直接生产再生粗骨料，导致研究的众多成果无法转化到实际的生产生活中，大量建筑垃圾只能作为回填材料或低等级填充材料。我国目前拆除的建筑物基本都是砖混类结构，砖混类建筑垃圾中砂浆类杂质含量较少，主要成分是砖与废混凝土。这两者物理性能相近，当前的再生骨料处理工艺很难将其分离。

本节以再生骨料中废砖含量为例，选用混凝土块（简单破碎再生粗骨料，RCA）和红砖碎块（RBA）为主要研究对象，研究了砖含量对再生粗骨料物理性能的变化情况，主要包括压碎指标、坚固性、表观密度和吸水率等。

1. 压碎指标

压碎指标试验主要依据《混凝土用再生粗骨料》（GB/T 25177—2010）的要求进行。取风干无针状、片状的 9.50～19.0mm 颗粒，共 3000g。装入圆模后，在压力试验机上按 1kN/s 的速度加载至 200kN 并稳荷 5s。结束后筛除小于 2.36mm 的颗粒，计算出压碎指标。具体试验结果如图 2-15 所示。

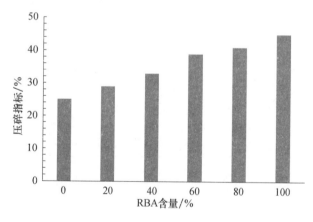

图 2-15　砖块含量与压碎指标的关系

由图 2-15 可以看出，砖块含量（RBA）对再生粗骨料（RCA）的压碎指标影响十分显著。随着再生粗骨料中砖块含量的增加，再生粗骨料的压碎指标提高。基本上砖块含量每增加 20%，再生粗骨料的压碎指标增大约 4%。

2. 坚固性

坚固性试验依据《混凝土用再生粗骨料》（GB/T 25177—2010）的要求进行。取洗净并烘干的试样按要求筛分为 4.75～9.50mm、9.50～19.0mm、19.0～37.5mm 后依次浸入盛有硫酸钠溶液的容器中，并循环两次。结束后将试样清洗干净（清洗试样后的水加入少量氯化钡溶液不再出现白色浑浊）并烘干，最后进行质量计算。具体试验结果如图 2-16 所示。

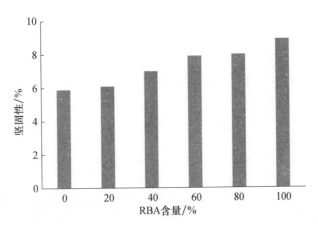

图 2-16　砖块含量与坚固性的关系

由图 2-16 可以看出，砖块含量（RBA）对再生粗骨料（RCA）的坚固性指标影响十分明显，与对压碎指标的影响趋势基本一致。随着再生粗骨料中砖块含量的增加，再生粗骨料的坚固性指标提高。砖块含量每增加 20%，再生粗骨料的坚固性指标增大约 0.6%。

3. 表观密度

表观密度试验采用广口瓶法，主要依据《混凝土用再生粗骨料》（GB/T 25177—2010）的要求进行。取大于 4.75mm 的风干颗粒，洗净后装入广口瓶。注水排尽气泡并覆盖玻璃片，称取总质量后烘干。分别称量广口瓶注满水的质量及颗粒烘干后的质量。最后依据公式计算表观密度。具体试验结果如图 2-17 所示。

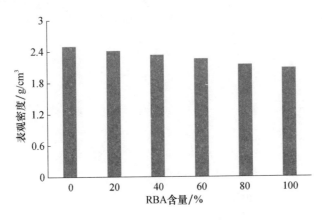

图 2-17　砖块含量与表观密度的关系

由图 2-17 可以看出，随着砖块含量逐渐升高，再生粗骨料的表观密度逐渐减小。砖块含量为 0 时，表观密度约为 2.49g/cm³；砖块含量为 100％时，表观密度约为 2.15g/cm³。砖块含量每增加 20％，表观密度减小约 0.07g/cm³。

4. 吸水率

吸水率试验依据《混凝土用再生粗骨料》（GB/T 25177—2010）的要求进行。取试样在水中浸泡 24h，从水中取出后用湿布擦干表面水分，并称出饱和面干试样的质量。随后将饱和面干试样置于温度控制为（105±5）℃的烘干箱中烘干，并称出质量。最后按公式计算吸水率。具体试验结果如图 2-18 所示。

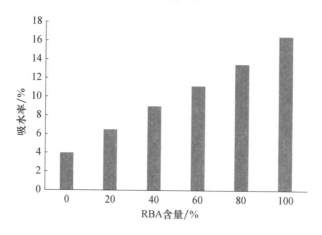

图 2-18　砖块含量与吸水率的关系

由图 2-18 可以看出，随着砖块含量逐渐升高，再生粗骨料的吸水率逐渐增大。砖块含量每增加 20％，吸水率增加约 2.6％。这主要是由于砖块的孔隙较大且多，内部结构较为松散，可以吸附大量的水。

综上所述，砖块含量对再生粗骨料物理性能的影响显著，随着砖块含量的增多，再生粗骨料的压碎指标、坚固性和吸水率提高，表观密度降低，严重降低了再生粗骨料的品质。因此，如何高效地分选与降低再生粗骨料中其他成分含量是研究的重点。

参考文献

[1] 全洪珠. 国外再生混凝土的应用概述及技术标准 [J]. 青岛理工大学学报，2009 (4)：87-92.

[2] （财）日本规格协会. JIS A 5021 コンクリート用再生骨材 H [S]. 2005.

[3] （财）日本规格协会. JIS A 5023 再生骨材 L をもちいたコンクリート [S]. 2006.

[4] （财）日本规格协会. IS A 5022 再生骨材 M をもちいたコンクリート [S]. 2007.

[5] HENDRIKS CH F. Certification system for aggregates produced from building waste and demolished building C. Environmental Aspects of Construction with Waste Materials，1994.

[6] Recommendation for the use of recycled aggregates for concrete in passive environ mental class，Danish Concrete Association. 1989.

[7] DIN 4226-100，Gesteinskornungen fur Beton und Mortel [S]. 2002.

［8］ HENDRILS C F. PIETERSON H S. Sustainable raw materials construction and demolition wasteR，RILEM report 22. RILEM Pubication Series，F-94235，1998.

［9］ HANS S. PIETERSEN AND CHARLES F. HENDRIKS. Towards large scale application of recycled aggregates in the construction industry ［C］. European research and developments. ［S. 1.］：Proceedings of the Fouth International Conference on Ecomaterials，1999：217-220.

［10］ 柯国军，张育霖，贺涛，等. 再生混凝土的实用性研究 ［J］. 混凝土，2002（4）：47-48.

［11］ 王智威. 不同来源再生骨料的基本性能及其对混凝土抗压强度的影响 ［J］. 新型建筑材料，2007（7）：57-60.

［12］ 邓寿昌，张学兵，罗迎社. 废弃混凝土再生利用的现状分析与研究展望 ［J］. 混凝土，2006（11）：20-24.

［13］ 沈宏波，胡春健，等. 高性能混凝土中再生骨料的应用 ［J］. 住宅科技，2003（3）：33-35.

［14］ 卫国祥，雷颖占. 混凝土再生骨料的研究分析 ［J］. 四川建筑科学研究，2006（8）：115-117.

［15］ 王智威. 高品质再生骨料的生产及基本性能试验研究 ［J］. 混凝土，2007（3）：74-77.

［16］ 尚建丽，李占印，杨晓东. 再生粗集料特征性能试验研究 ［J］. 建筑技术，2003（1）：52-53.

［17］ VIVIAN W. Y. TAM et al. Assessing relationships among properties of demolished concrete, recycled aggtrgate and recycled aggregate concrete using regression analysis ［J］. Journal of Hazardous Ma-terials，2008（152）：703-714.

［18］ 陈莹，严捍东，林建华，等. 再生骨料基本性质及对混凝土性能影响的研究 ［J］. 再生资源研究，2003（6）：34-37.

［19］ 郭远新，李秋义，汪卫琴，等. 再生粗骨料品质提升技术研究 ［J］. 混凝土，2013（6）：134-138.

［20］ 朱勇年，张鸿儒，孟涛，等. 纳米 SiO_2 改性再生骨料混凝土工程应用研究及实体性能监测 ［J］. 混凝土，2014（7）：138-144.

［21］ 丁天平，刘冠国，胡玉兵，等. 再生骨料的化学强化对再生混凝土力学性能的影响 ［J］. 混凝土与水泥制品，2016（1）：1-4.

［22］ 王海超，陈晨，赵倩倩，等. 强化再生骨料性能试验研究 ［J］. 混凝土与水泥制品，2016（4）：25-28.

［23］ 郭远新，李秋义，孔哲，等. 强化工艺对建筑垃圾再生粗集料吸水率的影响 ［J］. 粉煤灰，2015（6）：20-23.

［24］ 张学元. 再生骨料在高性能混凝土中的应用研究 ［J］. 混凝土，2017（2）：87-94.

［25］ 李秋义，岳公冰，郭远新. 再生混凝土性能调控与配合比设计 ［M］. 北京：中国建筑工业出版社，2019.

［26］ 曹蓓蓓. 混凝土的热特性与再生利用研究 ［D］. 武汉：武汉理工大学，2006.

［27］ 孙英. 建筑废弃物运用于再生混凝土之比较研究 ［J］. 硅酸盐通报，2013，32（12）：2637-2641.

［28］ 王忠星，姚宏，李秋义，等. 再生粗骨料强化处理方式对再生混凝土抗碳化性能的影响 ［J］. 混凝土，2017（9）：57-60.

［29］ 杨海涛，田石柱. 尺寸效应对再生混凝土性能的影响 ［J］. 中南大学学报（自然科学版），2016，47（11）：3818-3823.

第3章 再生混凝土原材料及配合比设计

建筑垃圾经破碎分选所制备的再生粗骨料在混凝土中的应用较为普遍，且对混凝土整体性能影响较为显著，在对再生混凝土进行配合比设计时应充分考虑再生粗骨料的各项综合指标。因此，本章以再生粗骨料混凝土为例，系统介绍再生粗骨料混凝土的配合比设计。

再生粗骨料中存在着性能较差且情况复杂的界面结构问题（旧骨料—旧浆体、旧骨料—新浆体、旧浆体—新浆体等），导致其基本性能指标与天然粗骨料差异较大，当用其制备再生粗骨料混凝土时，由于再生粗骨料品质的多样性和使用的复杂性（部分取代、全部取代等），其配合比设计所考虑的影响因素比普通混凝土要复杂得多，如图3-1所示。因此，再生粗骨料混凝土的配合比设计要在普通混凝土配合比设计方法的基础上进行调节与整合，其设计方法的建立必须基于再生粗骨料性能差异的原则。

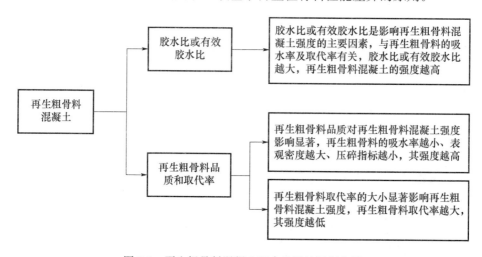

图 3-1 再生粗骨料混凝土配合比设计的复杂性

因此，为了全面探究再生粗骨料混凝土的性能变化规律和配合比设计方法，本章试验的研究对象为用物理强化技术处理后的再生粗骨料。在系统研究其品质和取代率对再生粗骨料混凝土性能的影响后，将再生混凝土视为一种复合材料，在普通混凝土的基础上建立基于再生粗骨料品质和取代率等多重影响因素的用水量公式和强度公式，为再生粗骨料混凝土配合比设计方法的提出提供理论依据。

3.1　配合比设计的基本原则和思路

3.1.1　基本原则

再生粗骨料混凝土配合比设计时所考虑的影响因素较多，且需要确定的设计参数也要多于普通混凝土。但普通混凝土应用技术的发展要早于再生粗骨料混凝土，且相应的标准体系已非常成熟。故而在确定再生粗骨料混凝土配合比设计的基本原则时，需要以普通混凝土为基准，参照其配合比设计时所遵循的基本原则和要求[1]：

（1）用水量原则：混凝土拌合物的用水量主要与所用粗骨料的最大粒径和工程需求的工作性有关。

（2）胶水比原则：胶水比直接影响混凝土内部硬化水泥石的孔结构，是影响混凝土强度的主要因素，其实质是有效胶水比的影响作用。

（3）耐久性要求：保证混凝土具有良好的耐久性，满足抗渗、抗冻、抗腐蚀等要求，使混凝土达到经久耐用的使用目的。

（4）经济性要求：在施工方便和保证混凝土质量的基础上，合理选择和分配原材料，在可控范围内适当降低水泥用量，从而减少工程的成本，取得良好的经济效益。

目前再生粗骨料的实际工程应用中，再生粗骨料混凝土的适用范围还仅限于非承重结构的低强度等级的水泥制品，主要限制其工作性和力学性能两个方面，其耐久性能可暂不做要求或根据再生粗骨料混凝土的耐久性能来限制再生粗骨料的应用领域。另外，近几年我国发布的众多政策也在大力加强建筑垃圾的处置，对建筑垃圾处理免征增值税，对已投产的再生资源企业进行补助或扩大产能贷款贴息，满足相应的经济性要求。因此，再生粗骨料混凝土在配合比设计时主要考虑再生粗骨料混凝土的工作性和强度两个因素，但由于再生粗骨料工程应用时所存在的特殊性，需要根据已有的试验数据对需水量原则和强度公式进行最终确定[2-3]。

3.1.2　设计思路

在普通混凝土配合比设计时，首要规定是对所用粗骨料的基本性能指标进行限定，《普通混凝土配合比设计规程》（JGJ 55—2011）中主要控制粗骨料的含水率应小于0.2%。但再生粗骨料的原材料来源复杂且制备工艺繁杂，导致其品质较差且波动性大，主要表现在再生粗骨料的高吸水率。因此，在使用再生粗骨料制备再生粗骨料混凝土时，可使再生粗骨料接近于饱和面干状态，控制再生粗骨料的吸水率与含水率之差小于0.5%。

考虑到再生粗骨料的特殊性和再生粗骨料混凝土性能的影响因素众多，本书在建立再生粗骨料混凝土的配合比设计方法时，以普通混凝土的配合比设计方法为基础，提出再生粗骨料混凝土的简易配合比设计方法。再生粗骨料混凝土配合比设计方法的建立为再生粗骨料混凝土的推广应用奠定了坚实的理论基础，加快了建筑垃圾资源化再利用的步伐，也为我国的再生混凝土配制技术实现从盲目的试配到计算配合比指导下的快速配制带来一次质的转变。

3.2 配合比设计的试验研究

3.2.1 试验原材料

再生粗骨料混凝土配合比试验中所用原材料为水泥、天然砂、天然碎石、再生粗骨料、外加剂、水等。

（1）水泥：P.O 42.5 水泥，其物理力学性能指标与 XRF 分析结果分别见表 3-1 和表 3-2。

表 3-1　水泥物理力学性能指标

水泥品种	细度（%）	初凝时间（min）	终凝时间（min）	抗压强度（MPa）		抗折强度（MPa）		安定性（沸煮法）
				3d	28d	3d	28d	
P·O 42.5	2.3	165	260	18.5	46.8	4.6	7.0	合格

表 3-2　水泥的 XRF 分析结果

化学组成	CaO	SiO_2	Al_2O_3	Fe_2O_3	SO_3	MnO	Na_2O	K_2O	TiO_2	烧失量
质量分数（%）	62.73	17.80	6.38	5.83	2.98	1.94	0.86	0.58	0.52	0.38

（2）天然砂：河砂，Ⅱ级砂，级配良好，其性能指标见表 3-3。

表 3-3　天然砂性能指标

细度模数	规格	堆积密度（kg/m³）	表观密度（kg/m³）	空隙率（%）	微粉含量（%）	泥块含量（%）	压碎指标（%）
2.4	中砂	1450	2590	40	1.0	0.7	13

（3）天然碎石：花岗岩碎石，5~25mm 连续级配，其性能指标见表 3-4。

表 3-4　天然碎石性能指标

吸水率（%）	含水率（%）	针片状颗粒含量（%）	压碎指标（%）	堆积密度（kg/m³）	表观密度（kg/m³）
1.7	0.42	4.05	11.2	1460	2510

（4）外加剂：青岛某建材公司生产的聚羧酸系高性能减水剂。

（5）水：市政饮用水。

3.2.2　试验方案设计

在再生粗骨料混凝土配合比的试验方案中，外加剂的用量为水泥用量的 1.2%，砂率统一确定为 38%，通过控制再生粗骨料混凝土拌合物坍落度在 $160\sim200$mm 范围内来确定其用水量。试验中所考虑的主要影响因素为[4]：

（1）再生粗骨料的品质：分别为简单破碎再生粗骨料、一次物理强化再生粗骨料和二次物理强化再生粗骨料。

（2）再生粗骨料的取代率：分别取代天然粗骨料的 0、20%、40%、60%、80% 和 100%，以质量计。

（3）水泥用量：分别取 300kg/m³、350kg/m³、400kg/m³、450kg/m³ 和 500kg/m³。

具体试验方案见表 3-5。

表 3-5　再生粗骨料混凝土试验方案设计

编号	水泥用量（kg/m³）	再生粗骨料		天然碎石（kg/m³）	天然砂（kg/m³）	减水剂（kg/m³）
		取代率（%）	用量（kg/m³）			
A300-0	300	0	0	1166	714	3.6
A300-20	300	20	233	933	714	3.6
A300-40	300	40	466	700	714	3.6
A300-60	300	60	700	466	714	3.6
A300-80	300	80	933	233	714	3.6
A300-100	300	100	1166	0	714	3.6
A350-0	350	0	0	1150	705	4.2
A350-20	350	20	230	920	705	4.2
A350-40	350	40	460	690	705	4.2
A350-60	350	60	690	460	705	4.2
A350-80	350	80	920	230	705	4.2
A350-100	350	100	1150	0	705	4.2
A400-0	400	0	0	1136	696	4.8
A400-20	400	20	227	909	696	4.8
A400-40	400	40	454	682	696	4.8
A400-60	400	60	682	454	696	4.8
A400-80	400	80	909	227	696	4.8
A400-100	400	100	1136	0	696	4.8
A450-0	450	0	0	1121	687	5.4
A450-20	450	20	224	897	687	5.4
A450-40	450	40	448	673	687	5.4
A450-60	450	60	673	448	687	5.4
A450-80	450	80	897	224	687	5.4

编号	水泥用量 （kg/m³）	再生粗骨料		天然碎石 （kg/m³）	天然砂 （kg/m³）	减水剂 （kg/m³）
		取代率（%）	用量（kg/m³）			
A450-100	450	100	1121	0	687	5.4
A500-0	500	0	0	1106	678	6.0
A500-20	500	20	221	885	678	6.0
A500-40	500	40	442	664	678	6.0
A500-60	500	60	664	442	678	6.0
A500-80	500	80	885	221	678	6.0
A500-100	500	100	1106	0	678	6.0

注：表中编号以字母 A 开头表示 SC-RCA 系列的 RCAC，OP-RCA 和 DP-RCA 系列的 RCAC 分别以字母 B 和 C 来表示。如 A300-20 表示使用 SC-RCA 制备的 RCAC，其中水泥用量为 300kg/m³，SC-RCA 的取代率为 20%。

本试验中共设计了 75 组 RCAC，另有 5 组普通混凝土作为对照组，在此仅列述 SC-RCA 系列 RCAC 与普通混凝土的试验方案，具体情况见 3.1 节。试验中的其余 2 个系列 RCAC 试验方案仅再生粗骨料的品质有所区别。

3.3 简易配合比设计方法

3.3.1 用水量原则的确定

在再生粗骨料混凝土的工作性能研究中，再生粗骨料混凝土拌合物用水量与普通混凝土的最大差别在于掺加再生粗骨料所引起的大量吸水。在制备再生粗骨料混凝土时，再生骨料的使用状态对再生粗骨料混凝土拌合物的用水量影响较大。一般情况下，再生粗骨料的使用状态可分为自然环境状态、饱和面干状态和绝干状态，相对应地将再生粗骨料混凝土拌合物的用水量定义为以下三种情况。

1. 实际用水量 W_g

在实际工程应用中，再生粗骨料处于自然环境状态是最为常见的情况，此时再生粗骨料内部或表面均可能含有部分水分。当用其制备再生粗骨料混凝土时，再生粗骨料混凝土拌合物的用水量与大气环境中的温湿度有较大关系，即与再生粗骨料的吸水率和含水率之差密切相关，故而再生粗骨料混凝土拌合物的实际用水量 W_g 与普通混凝土的用水量之间的关系表达式如式（3-1）所示。

$$W_g = W + m_{Rg} W_a - m_{Rg} W_c \tag{3-1}$$

式中　W_g——再生粗骨料混凝土的实际用水量，kg/m³；

　　　W——普通混凝土的用水量，kg/m³；

　　　m_{Rg}——再生粗骨料的用量，kg/m³；

　　　W_a——再生粗骨料的吸水率，以小数计；

W_c——再生粗骨料的含水率，以小数计。

在再生粗骨料不同品质条件下，再生粗骨料混凝土工作性能试验中所测得的实际用水量 W_g 随再生粗骨料取代率（以 λ_g 表示）的变化情况如图 3-2 所示。可知，再生粗骨料的品质和取代率均对再生粗骨料混凝土的实际用水量 W_g 产生一定的影响，且再生粗骨料混凝土的实际用水量 W_g 与再生粗骨料的取代率 λ_g 之间呈现出较好的线性关系。然而，在制备再生粗骨料混凝土试样时，其拌合物的实际用水量 W_g 计算较麻烦且难以准确控制，所产生的试验误差较大。

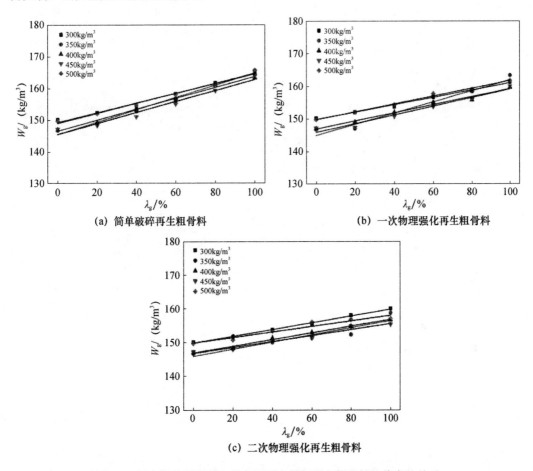

(a) 简单破碎再生粗骨料　　　　(b) 一次物理强化再生粗骨料

(c) 二次物理强化再生粗骨料

图 3-2　再生粗骨料混凝土的实际用水量与再生粗骨料取代率的关系

2. 有效用水量 W_{g0}

当配制再生粗骨料混凝土所使用的再生粗骨料接近饱和面干状态时，再生粗骨料并不再过多吸收外部的自由水分，其内部含水基本达到饱和量。此时，再生粗骨料混凝土拌合物的用水量与普通混凝土用水量基本一致，故而再生粗骨料混凝土拌合物的有效用水量 W_{g0} 与普通混凝土的用水量之间的关系表达式如式（3-2）所示。

$$W_{g0}=W \tag{3-2}$$

式中　W_{g0}——再生粗骨料混凝土的有效用水量，kg/m³；

    W——普通混凝土的用水量，$\mathrm{kg/m^3}$。

在再生粗骨料不同品质条件下，再生粗骨料混凝土工作性能试验中所得的 W_{g0} 随 λ_g 的变化情况如图 3-3 所示。由图可知，再生粗骨料的品质和取代率均对再生粗骨料混凝土的有效用水量 W_{g0} 产生较小的影响，且有效用水量 W_{g0} 与再生粗骨料取代率 λ_g 之间呈现出较好的线性关系。随着再生粗骨料混凝土所用再生粗骨料品质的提升，其有效用水量 W_{g0} 趋近于普通混凝土，可以使得再生粗骨料混凝土的配合比设计简单化。

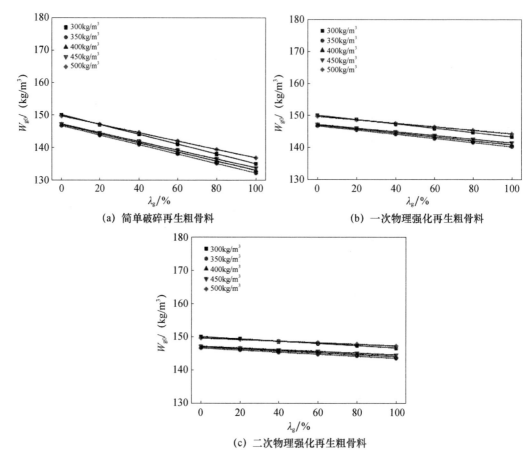

图 3-3 再生粗骨料混凝土的有效用水量与再生粗骨料取代率的关系

3. 绝对用水量 W_{Rg}

再生粗骨料达到绝干状态，其骨料内部和表面均不含有任何水分。当使用处于此状态的再生粗骨料制备再生粗骨料混凝土时，其拌合物的绝对用水量可以最大化地反映出再生粗骨料混凝土与普通混凝土用水量之间的差别。故而再生粗骨料混凝土拌合物的绝对用水量 W_{Rg} 与普通混凝土的用水量之间的关系表达式如式（3-3）所示。

$$W_{Rg}=W+m_{Rg}w_a \tag{3-3}$$

式中 W_{Rg}——再生粗骨料混凝土的绝对用水量，$\mathrm{kg/m^3}$；

       W——普通混凝土的用水量，$\mathrm{kg/m^3}$；

m_{Rg}——再生粗骨料的用量，kg/m^3；

w_a——再生粗骨料的吸水率，以小数计。

在再生粗骨料不同品质条件下，再生粗骨料混凝土工作性能试验中所得到的绝对用水量 W_{Rg} 随再生粗骨料取代率 λ_g 的变化情况如图 3-4 所示。可知，再生粗骨料的品质和取代率均对再生粗骨料混凝土的绝对用水量 W_{Rg} 产生较大的影响，且绝对用水量 W_{Rg} 与 λ_g 之间呈现出较好的线性关系。但考虑到再生粗骨料混凝土制备过程中所带来的试验误差，难以控制 W_{Rg} 与适宜的工作性能之间的平衡。

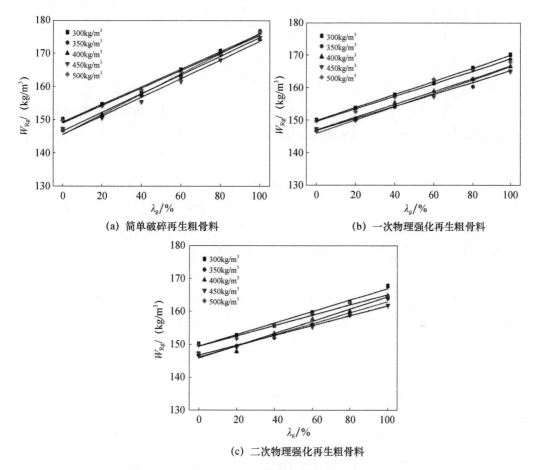

(a) 简单破碎再生粗骨料　　　　　(b) 一次物理强化再生粗骨料

(c) 二次物理强化再生粗骨料

图 3-4　再生粗骨料混凝土的绝对用水量与再生粗骨料取代率的关系

综上，再生粗骨料混凝土拌合物的 W_g、W_{g0} 和 W_{Rg} 均与 λ_g 之间具有较高的线性相关度。但考虑到 RCAC 配合比设计时所考虑的因素要多于普通混凝土，为了简化这一设计过程且精确控制 RCAC 的工作性能，在进行 RCAC 的配合比简易设计时需要考虑有效用水量原则，这也与配制 RCAC 时所限定的再生粗骨料的使用状态相一致。

3.3.2　胶水比原则的确定

针对再生粗骨料的不同使用状态，RCAC 拌合物的用水量分为实际用水量、有效用水量和绝对用水量，相应的 RCAC 的胶水比也分为三种情况。

1. 实际胶水比

对应 RCAC 的实际用水量 W_g，RCAC 的胶水比定义为实际胶水比，以 C/W_g 来表示。当再生粗骨料的品质发生变化时，RCAC 的 28d 抗压强度（以下简称为强度，以 f_{Rg} 表示）随着 C/W_g 的增大而显著增加，线性相关度较高，其相关系数 R^2 为 $0.961\sim0.996$。但再生粗骨料的品质和 λ_g 对 RCAC 的强度 f_{Rg} 影响较大，即再生粗骨料品质越低，λ_g 的影响越大，给 RCAC 的简易配合比设计带来难度。

2. 有效胶水比

对应 RCAC 的有效用水量 W_{g0}，RCAC 的胶水比定义为有效胶水比，以 C/W_{g0} 来表示。当再生粗骨料的品质发生变化时，RCAC 的 f_{Rg} 随着 C/W_{g0} 的增大而显著增加，两者之间线性相关度较高，其相关系数 R^2 为 $0.963\sim0.996$。但再生粗骨料的品质和 λ_g 对 RCAC 的 f_{Rg} 影响更加显著，对 RCAC 配合比的简易设计起到负面作用，有效胶水比并不能实际反映出对 RCAC 强度的影响规律。

3. 绝对胶水比

对应 RCAC 的绝对用水量 W_{Rg}，RCAC 的胶水比定义为绝对胶水比，以 C/W_{Rg} 来表示。当再生粗骨料的品质发生变化时，RCAC 的 f_{Rg} 随着 C/W_{Rg} 的增大而显著增加，两者之间线性相关度较高，其相关系数 R^2 为 $0.963\sim0.996$。此时，再生粗骨料的品质和 λ_g 对 RCAC 的 f_{Rg} 影响较小，故可以使用 C/W_{Rg} 这一定义来对 RCAC 的配合比进行简易设计。

综上，RCAC 的 f_{Rg} 与其实际胶水比 C/W_g、有效胶水比 C/W_{g0} 和绝对胶水比 C/W_{Rg} 之间均具有较高的线性相关度，RCAC 的胶水比是影响其 f_{Rg} 的主要因素，这一结论与普通混凝土的 Bolomey 公式相符合，其表达形式如式（3-4）所示。

$$f_{cu,0}=af_{ce}(C/W-b) \tag{3-4}$$

式中　$f_{cu,0}$——混凝土的 28d 抗压强度，MPa；

　　　f_{ce}——胶凝材料的实测 28d 抗压强度，MPa；

　　　C——胶凝材料用量，kg/m³；

　　　W——对应不同再生粗骨料使用状态的拌合物用水量，kg/m³；

a、b——线性回归系数，无量纲。

3.3.3　简易配合比设计步骤

（1）根据 RCAC 的性能要求和相关标准体系的规定，确定再生粗骨料的取代率 λ_g。

（2）确定 RCAC 的强度标准差 σ。当仅使用Ⅰ类再生粗骨料或Ⅱ类、Ⅲ类再生粗骨料的 $\lambda_g<30\%$ 时，σ 可按《普通混凝土配合比设计规程》（JGJ 55—2011）的规定取值；当Ⅱ类、Ⅲ类再生粗骨料的 $\lambda_g\geqslant30\%$ 时，σ 可按《再生骨料应用技术规程》（JGJ/T 240—2011）的规定取值。

（3）确定 RCAC 的配制强度，按式（3-5）计算。

$$f_{Rg} \geqslant f_{cu,k} + 1.645\sigma \qquad (3-5)$$

式中　f_{Rg}——再生粗骨料混凝土的配制强度，MPa；

$f_{cu,k}$——再生粗骨料混凝土的立方体抗压强度标准值，取再生粗骨料混凝土的设计强度等级值，MPa；

σ——再生粗骨料混凝土的强度标准差，MPa。

（4）确定 RCAC 的绝对胶水比 C/W_{Rg}，按式（3-6）计算。

$$C/W_{Rg} = f_{Rg} / (af_{ce}) + b \qquad (3-6)$$

式中　C/W_{Rg}——再生粗骨料混凝土的绝对胶水比，无量纲；

C——再生粗骨料混凝土拌合物的胶凝材料用量，kg/m³；

f_{ce}——胶凝材料的实测 28d 抗压强度，MPa；

a、b——线性回归系数，无量纲。

（5）确定普通混凝土拌合物的用水量 W，根据实际工程的需求，通过调整用水量来控制拌合物的坍落度，调整后的用水量即为普通混凝土拌合物的用水量 W。

（6）确定 RCAC 拌合物的用水量，其有效用水量 W_{R0} 应按照普通混凝土拌合物的用水量 W 来确定，并根据再生粗骨料的使用状态、用量进一步计算出再生粗骨料混凝土的绝对用水量 W_{Rg}。

（7）确定 RCAC 的胶凝材料总量 C，按再生粗骨料混凝土的绝对胶水比 C/W_{Rg} 与绝对用水量 W_{Rg} 的乘积来计算。

（8）确定 RCAC 的矿物掺合料用量，按矿物掺合料的掺量与胶凝材料总量的乘积来计算。

（9）确定 RCAC 的水泥用量，按胶凝材料总量与矿物掺合料用量之差来计算。

（10）确定 RCAC 的砂率，根据 RCAC 的施工要求，同时考虑再生粗骨料的基本性能指标和 RCAC 的工作性能来确定，宜选用较低砂率。

（11）确定再生粗骨料的用量，参照普通混凝土配合比中的粗骨料用量，按 λ_g 与粗骨料用量的乘积来计算。

（12）确定天然粗骨料的用量，按粗骨料总量与再生粗骨料用量之差来计算。

（13）RCAC 配合比的试配：参照 RCAC 的计算配合比，试拌时 C/W_{Rg} 宜保持不变，调整其他设计参数来满足 RCAC 的施工要求，修正后得到 RCAC 的试拌配合比。

（14）RCAC 配合比的调整与确定：在试拌配合比的基础上，根据确定的 C/W_{Rg} 调整外加剂用量和 W_{Rg}，相应调整其他设计参数，确定 RCAC 的最终配合比。需要注意的是，在实际工程应用时必须采取措施控制 RCAC 的坍落度损失。

3.4　一种多组分混凝土配合比的设计方法

由于混凝土外加剂和矿物掺合料在施工过程中被普遍使用，导致砂石集料资源日渐匮乏，现有的原材料已经不能满足原有配合比设计规范对原材料的技术要求。为了满足实际需要，朱效荣、赵志强[5]对混凝土的组成进行分析，并利用吸收水灰比公式、胶空比理论和格利菲斯脆性材料断裂理论的成功部分，结合生产实践、数据分析和工程实践建立了多组分混凝土理论，其中配制强度的确定见式（3-5）。

3.4.1 标准稠度水泥浆强度的计算

由于配制设计强度等级的混凝土选用的水泥是确定的，在基准混凝土配比计算时取水泥为唯一胶凝材料，则标准稠度水泥浆强度的取值等于标准胶砂中水泥水化形成的浆体的强度值 σ_c，计算见式（3-7）。

$$V_{c0} = \frac{\dfrac{C_0}{\rho_{c0}}}{\dfrac{C_0}{\rho_{c0}} + \dfrac{S_0}{\rho_{s0}} + \dfrac{W_0}{\rho_{w0}}} \tag{3-7}$$

式中　V_{c0}——标准胶砂中水泥的体积比；

C_0——标准胶砂中水泥的用量，kg；

ρ_{c0}——水泥的密度，kg/m³；

S_0——标准胶砂中砂的用量，kg；

ρ_{s0}——标准砂的密度，kg/m³；

W_0——标准胶砂中水的用量，kg；

ρ_{w0}——水的密度，kg/m³；

则标准胶砂中水泥水化形成的浆体的抗压强度计算见式（3-8）。

$$\sigma_0 = \frac{R_{28}}{V_{c0}} \tag{3-8}$$

式中　σ_0——标准胶砂中水泥水化形成的浆体的抗压强度，MPa；

R_{28}——标准胶砂的 28d 抗压强度，MPa；

V_{c0}——标准胶砂中水泥的体积比。

3.4.2 水泥基准用量

依据多组分混凝土理论设计思路，当混凝土中水泥浆体的体积达到100％时，混凝土的强度等于水泥浆体的理论强度值，即 $R = \sigma_0$。由于我们国家采用国际标准单位制，混凝土的设计计算都以 1m³ 为准，因此在计算过程中需要将标准稠度的水泥浆折算为 1m³，在这个计算过程中水泥浆的体积收缩可以忽略不计。1m³ 凝固硬化的标准稠度的水泥浆用 1m³ 的干水泥质量和将这些水泥拌制为标准稠度时水的质量之和除以对应的水泥和水的体积之和求得，即标准稠度水泥浆的表观密度值，具体见式（3-9）。

$$\rho_0 = \rho_{c0} \ (1 + W_0/100) \ / \ [1 + \ (\rho_{c0}/\rho_w) \ \times \ (W_0/100)] \tag{3-9}$$

式中　ρ_0——标准稠度水泥浆的密度，kg/m³；

ρ_w——水的密度，kg/m³；

W_0——水泥的标准稠度用水量，kg；

ρ_{c0}——水泥的密度，kg/m^3。

由于标准稠度的硬化水泥浆折算为 $1m^3$ 时对应的强度值正好是水泥水化形成浆体的强度值，$1m^3$ 浆体对应的质量数值正好和 σ_0 的数值相等，因此水泥浆中水泥对混凝土抗压度的贡献（质量强度比）可以用标准稠度水泥浆的密度数值除以水泥水化形成浆体的抗强度计算求得，具体见式（3-10）。

$$R=\frac{\rho_0}{\sigma_0} \tag{3-10}$$

式中　R——质量强度比，kg/MPa，物理意义为水泥水化后为混凝土贡献 1MPa 抗压强度所需水泥浆的用量；

ρ_0——$1m^3$ 纯浆体质量，kg，数值等于标准胶砂中水泥水化形成的浆体的密度（即标准稠度水泥浆的密度）；

σ_0——标准胶砂中水泥水化形成的浆体的抗压强度，MPa。

配制强度为 $f_{cu,0}$ 的混凝土基准水泥用量为 C_0，见式（3-11）。

$$C_0=R\times f_{cu,0} \tag{3-11}$$

3.4.3　减水剂及用水量

1. 胶凝材料需水量的确定

（1）试验法。按照以上计算结果，准确称量水泥、粉煤灰、矿粉和硅灰，混合成复合胶凝材料，采用测定水泥标准稠度用水量的方法测出胶凝材料的标准稠度用水量为 W_0，其对应有效水胶比（W_0/B）。求得检测外加剂时胶凝材料标准稠度所需水量 W_B，等于胶凝材料总量乘以有效水胶比，见式（3-12）。

$$W_B=（W_0/B）\times（C+F+K+Si） \tag{3-12}$$

式中　C、F、K、Si——单方混凝土中水泥、粉煤灰、矿渣粉和硅灰的用量。

在选用外加剂时，检测外加剂掺量的用水量为 W_B，在配制混凝土时，流动性混凝土随着胶凝材料用量的增加，浆体量增加，达到同样坍落度所使用的水量会降低，混凝土静置时表现为泌水，这里定义的泌水系数见式（3-13）。

$$M_w=\left[（C+F+K+Si）/300\right]-1 \tag{3-13}$$

式中　M_w——复合胶凝材料的泌水系数。

在配制混凝土时拌合胶凝材料的合理用水量见式（3-14）。

$$W_1=\frac{2}{3}W_B+\frac{1}{3}W_B\times（1-M_w） \tag{3-14}$$

式中　W_B——胶凝材料达到标准稠度时的用水量。

（2）计算法。通过以上计算求得水泥、粉煤灰、矿粉和硅粉的准确用量后，按照胶凝材料的需水量比通过加权求和计算，得到检测外加剂时胶凝材料所需水量 W_B。扣除泌水量后，拌合混凝土中胶凝材料的用水量见式（3-15）。

$$W_{\mathrm{B}}=（C+F\times\beta_{\mathrm{F}}+K\times\beta_{\mathrm{K}}+Si\times\beta_{\mathrm{Si}}）\times W_0/100 \qquad (3\text{-}15)$$

式中　β_{F}、β_{K}、β_{Si}——粉煤灰、矿粉、硅灰的需水量比。

W_1计算方法见式（3-14）。在配制混凝土时，随着胶凝材料用量增加，浆体量增加，达到同样的坍落度用水量会减少，如果还按照标准稠度用水量，就会出现轻微泌水，为了计算究竟能够泌出多少水，胶凝材料搅拌应该用多少水，朱效荣等把胶凝材料用量中的水区分为化学反应用水和黏结用水。化学反应用水量占标准稠度用水量的2/3，针对胶凝材料这个数值是固定的；黏结用水量占标准稠度用水量的1/3，当浆体量增加时，没有凝固的浆体如同液体一样，自动下沉，在相同工作性的状态下，对浆体本身产生压力，一部分水分被挤压出来，表现为泌水。在计算混凝土配合比时，化学反应用水量占标准稠度用水量对应的2/3不变，达到同样的黏结效果和工作性黏结用水量会降低，应该是标准稠度的1/3中扣除泌水的部分。所以计算过程中使用了这个用水量乘以2/3，保证化学反应正常进行，后一个是1/3，并且在1/3后边乘了$1-M_{\mathrm{w}}$，也就是泌水后应该加入混凝土中的水分，保证黏结效果但不会泌水。

2. 胶凝材料拌和用水量确定的依据

由于工程项目的施工方式不同，对混凝土工作性质的要求也不同。根据施工时坍落度的大小，可以将混凝土分为零坍落度的混凝土、30～80mm的干硬性混凝土，80～120mm的塑性混凝土、120～160mm的流动性混凝土、160～220mm的大流动性混凝土和220～260mm的自密实混凝土。而胶凝材料中的水分可分为化学反应用水和黏结用水，无论坍落度如何改变，胶凝材料中化学反应用水量是不变的，均为标准稠度用水量的2/3，因此针对不同的坍落度变化的是黏结用水量。

当配制零坍落度混凝土时，由于发生完全化学反应产生的水化产物通过挤压成型或者碾压成型，水化产物的黏结依靠的是外部压力，无须黏结用水，因此胶凝材料的拌和用水量$W=W_1\times\dfrac{2}{3}$，这类混凝土主要包括机场跑道混凝土、大坝混凝土和道路混凝土。

当配制坍落度在30～80mm的干硬性混凝土、80～120mm的塑性混凝土、120～160mm的流动性混凝土、160～220mm的大流动性混凝土和220～260mm的自密实混凝土时，考虑到胶凝材料的用量以及混凝土的泌水，胶凝材料的拌和用水量$W=W_1\times\dfrac{2}{3}+W_1\times\dfrac{1}{3}\times（1-M_{\mathrm{w}}）$。

3. 外加剂用量的确定

通过以上计算求得的用水量，以推荐掺量进行外加剂的最佳掺量（$c_{\mathrm{A}}\%$）试验，外加剂的调整以胶凝材料标准稠度用水量对应的水胶比为基准。由于外加剂减水率每增加1%，胶凝材料的净浆流动扩展度增加10mm，混凝土坍落度也增加10mm，要控制混凝土拌合物的坍落度值，则控制掺外加剂的复合胶凝材料在推荐掺量下的净浆流动扩展度。

外加剂品种的选用：配制零坍落度和30～80mm的低坍落度干硬性混凝土时，无须添加减水剂；配制坍落度 80～120mm 的塑性混凝土，只需添加减水率为 6％～8％的普通减水剂；配制坍落度 120～160mm 的流动性混凝土和 160～220mm 的大流动性混凝土时，只需添加减水率为 10％～18％的泵送剂；配制坍落度 220～260mm 的自密实混凝土时，需添加减水率为 18％～25％的泵送剂。对于泵送混凝土，出机坍落度控制在 220mm 以上，当使用萘系减水剂时，建议净浆流动扩展度达到 220～230mm；当使用脂肪族减水剂时，建议净浆流动扩展度达到 230～240mm；当使用聚羧酸减水剂时，建议净浆流动扩展度达到 240～250mm。这种复合胶凝材料需水量与外加剂检验的科学方法，解决了外加剂与胶凝材料适应性之间的矛盾。

3.4.4　砂子用量

1. 砂子用量的确定

测出配合比设计所用的砂子的紧密堆积密度和石子的空隙率。每立方米混凝土中砂子的准确用量为紧密堆积密度乘以石子的空隙率。按照这一思路，要实现砂浆对石子的包裹，当混凝土配制使用的砂子和石子的技术参数确定后，每 1m³ 混凝土中砂子的用量是固定的，与混凝土的强度等级没有关系，则砂子用量计算见式（3-16）。

$$S=\rho_s \times \frac{P}{(1-H_g) \times (1-H_w)} \tag{3-16}$$

式中　S——1m³ 混凝土砂子用量，kg/m³；

　　　ρ_s——砂子的紧密堆积密度，kg/m³；

　　　P——石子的空隙率，％；

　　　H_g——砂子的含石率，％；

　　　H_w——砂子的含水率，％。

紧密堆积密度 ρ_s 是混凝土配合比设计过程中需要采用的重要参数，对于质量均匀稳定的混凝土，砂子均匀且紧密地填充于石子的空隙当中，因此每立方米混凝土中砂子的合理用量应为石子的空隙率 P 乘以砂子的紧密堆积密度 ρ_s 求得。由于楼房的标准层高为 3m，混凝土柱子一次浇筑的高度为 3m；市政、高速公路和高速铁路墩柱，混凝土一次浇筑的高度大多数控制在 8m 左右。浇筑后没有凝固的混凝土拌合物是流动性的，在最底部的混凝土拌合物中砂子受到的压力与液体一样，根据帕斯卡定律：$P=\rho_{混凝土}gh$，代入数据可得：

对于楼房，$P=\rho_{混凝土}gh=2400 \times 9.8 \times 3=70.56 \mathrm{kN/m^2}$。

对于墩柱，$P=\rho_{混凝土}gh=2400 \times 9.8 \times 8=188.16 \mathrm{kN/m^2}$。

式中　$\rho_{混凝土}$——混凝土拌合物的密度，取常用值 2400kg/m³；

　　　g——重力加速度，取 9.8m/s²；

　　　h——混凝土拌合物浇筑后的高度，楼房取 3m，市政、高速公路和高速铁路取 8m。

考虑到混凝土浇筑过程中混凝土密度有时大于 2400kg/m³，在测量砂子紧密堆积密度时，用于楼房的砂子测试压力选择 72kN，用于市政及桥梁墩柱的砂子测试压力选择 200kN。

其中用建筑垃圾制备的再生砂具体参数用此方法测定示例如下：

1L 桶去皮后，用两节 1L 桶装满砂子用压力机加压至 72kN，去掉上边一节，称得 1L 桶中砂子质量为 1.91kg，得到砂子的紧密堆积密度 P_s＝1.91×1000＝1910（kg/m³）。用孔径为 4.75mm 筛子过筛，对石子称重为 0.34kg，得到砂子含石率 $HC＝\dfrac{0.34}{1.91}×$ 100%≈18%，称取砂子 3kg，加水至能够用手捏出水分，装入承压桶，用压力机加压至 72kN，测得的砂子质量为 3.26kg，计算出砂子的压力吸水率 Y_w＝8.7%。

2. 砂子润湿用水量的确定

现实条件下再生细骨料不符合标准砂的条件，因此采用压力吸水率 Y_w 来确定再生细骨料的用水量。其具体计算方法是用再生细骨料的用量 S 乘以再生细骨料的压力吸水率 Y_w 求得，见式（3-17）。

$$W_2＝S×Y_w \tag{3-17}$$

式中　W_2——再生细骨料的合理用水量，kg/m³；

　　　S——再生细骨料的用量，kg/m³。

3.4.5　石子用量

1. 石子用量的确定

根据多组分混凝土理论，计算过程不考虑含气量和砂子的空隙率。用石子的堆积密度值扣除胶凝材料的体积以及胶凝材料水化用水的体积对应的石子量，即可求得每 1m³ 混凝土石子的准确用量。按照这一思路，为了保证强度，同时实现砂浆对石子的包裹。当混凝土配制使用的砂子和石子的技术参数确定后，每 1m³ 混凝土中，随着混凝土强度等级的提高，胶凝材料体积增加，石子用量减少，即使用同一批的砂石料，从 C10 到 C100 的各强度等级混凝土，每 1m³ 混凝土使用的石子用量越来越少，这个结果与以前的观点完全不同。石子用量计算见式（3-18）。

$$G＝\rho_{g堆积}－(V_C＋V_F＋V_K＋V_{Si}＋V_w)×\rho_{g表观}－S×H_g \tag{3-18}$$

式中　　　　　　　G——石子用量，kg/m³；

　V_C、V_F、V_K、V_{Si}、V_w——水泥、粉煤灰、矿渣粉、硅灰和胶凝材料拌和用水的体积，m³；

　　　　　　　　　P——石子的空隙率，%；

　　　　　　　$\rho_{g堆积}$——石子的堆积密度，kg/m³；

　　　　　　　$\rho_{g表观}$——石子的表观密度，kg/m³。

2. 石子润湿用水量的确定

现场测量石子的堆积密度 $\rho_{g堆积}$、空隙率 P 和吸水率 X_w，用石子用量乘以吸水率 X_w 即可求得石子润湿的合理用水量，见式（3-19）。

$$W_3 = G \times X_w \tag{3-19}$$

其中用建筑垃圾制备的再生粗骨料具体参数用该方法测定示例如下：

10L 桶去皮，装满石子晃动 15 下刮平，称重 13.17kg，得到石子的堆积密度 $\rho_{g堆积}=$ 13.17×100＝1317kg/m³。加满水后称重 17.51kg，得到石子的空隙率 $P=$ ［（17.51－13.17）/10］×100％＝43.4％。结合堆积密度和空隙率求得石子的表观密度 $\rho_{g表观}=$ 1317/（1－43.4％）≈2327（kg/m³）。倒掉水将石子控干称重 13.56kg，求得石子的吸水率 $X_w=$ ［（13.56－13.17）/13.17］×100％≈3.0％。

参考文献

［1］郭远新，李秋义，李倩倩，等. 高品质再生粗骨料混凝土配合比优化 ［J］. 沈阳建筑大学学报（自然科学版），2017，33（1）：19-25.

［2］张松涛，贾欣悦，宋卓，等. 无砂再生透水混凝土配合比设计 ［J］. 混凝土与水泥制品，2016（12）：6-12.

［3］韩帅. 再生粗骨料品质和取代率对再生混凝土耐久性能的影响 ［D］. 青岛：青岛理工大学，2015.

［4］郭远新，李秋义，单体庆，等. 再生粗骨料混凝土配合比简易设计方法 ［J］. 沈阳建筑大学学报（自然科学版），2017，33（6）：1029-1038.

［5］朱效荣，赵志强. 智能＋绿色高性能混凝土 ［M］. 北京：中国建材工业出版社，2018.

第4章 再生混凝土泵送技术

混凝土工程的施工具有整体性，这种整体性主要表现在：①混凝土从制备到浇筑、振捣、抹面、养护是一个连续的过程，中间不允许有较长的间断时间。②混凝土工程的质量既与混凝土材料的制备质量有关，也与施工质量有关。商品混凝土与传统现场搅拌混凝土最大的区别在于混凝土制备过程与施工过程的分离。这种分离进一步提高了专业化程度，能够促进混凝土材料科学技术水平和建筑施工技术水平的提高。但是商品混凝土生产打破了混凝土生成和施工的整体性，实际上商品混凝土生产企业只负责按照要求生产混凝土并运送到工地交货为止，并不管施工单位如何施工，施工人员并不对混凝土质量负责。因此商品混凝土产品质量很难保证，配合比设计也很难做到以原材料状况为依据，针对实际使用环境而进行。再生泵送混凝土用的再生骨料质量逊于天然骨料，对混凝土生产和施工的技术要求就更加苛刻。上述问题的存在严重制约了再生泵送混凝土的商品化。

4.1 再生泵送混凝土的概念

再生混凝土是在配制过程中掺用了再生骨料，且再生骨料的质量分数不低于30%（占骨料总量）的混凝土。如果是将再生骨料和水泥、其他骨料、水以及根据需要掺入的外加剂、矿物掺合料等组分按一定比例，在搅拌站经集中拌制后出售的混凝土拌合物，则可以称为再生泵送混凝土（Recycled Pumping Concrete）[1]。

利用建筑垃圾制备预拌再生泵送混凝土，是目前再生混凝土应用研究的热点。本章所提到的再生混凝土即预拌再生泵送混凝土。对预拌再生混凝土的概念、配合比设计、影响因素和泵送技术等进行研究，能够促使再生混凝土向商品化、工业化生产的方向发展，以发挥其最大的工程价值。

4.2 再生泵送混凝土的技术特征

要配制所需强度的再生骨料泵送混凝土，首先，再生骨料必须有足够强度，并且在环境湿度改变时尺寸稳定性良好。其次，再生骨料不应与水泥和钢筋发生化学反应，也不能含有活性杂质。此外，为使泵送混凝土混合料达到可接受的工作性，再生骨料应有合适的颗粒形状和级配。通常只有干净分级的破碎混凝土骨料能满足此要求。

（1）在配合比相同的前提下，使用再生粗骨料可以配制与基准混凝土强度相同的再生骨料混凝土。为保证与基准混凝土具有相同的坍落度，必须增加拌合水。

（2）使用再生粗骨料代替原生骨料，不会影响再生骨料混凝土的强度和抗冻性。

（3）考虑到再生细骨料吸水率和含水量测定非常困难，此外还会增加新拌混凝土的需水量，降低混凝土的强度，也许还会影响硬化混凝土的耐久性，因此，在生产高质量混凝土时，不宜使用再生细骨料。随着再生骨料颗粒尺寸的降低，水泥净浆量在增大。在多数情况下，旧水泥浆和旧砂浆对再生混凝土的品质有不利影响，因此应该避免使用颗粒粒度小于 2mm 的再生细骨料[2]。

4.3　再生混凝土的可泵性

预拌再生混凝土的可泵性是指预拌再生混凝土在泵送过程中具有良好的流动性、阻力小、不离析、不易泌水、不堵塞管道等性质，主要表现为流动性和内聚性。流动性是能够泵送的主要性能；内聚性是抵抗分层离析的能力，即使在振动状态下和在压力条件下也不容易发生水与骨料的分离。

4.3.1　对可泵性的基本要求

预拌再生混凝土对可泵性的基本要求如下：

（1）预拌再生混凝土与管壁的摩擦阻力要小，泵送压力合适。如摩擦阻力大，输送的距离和单位时间内输送量受到限制，再生混凝土承受的压力加大，再生混凝土质量会发生改变。再生骨料吸水率较高，因此再生混凝土与管壁的摩擦阻力要比普通混凝土大，生产厂家需要对此种情况做特殊处理。

（2）泵送过程中不得有离析现象。如出现离析，再生骨料在砂浆中则处于非悬浮状态，再生骨料相互接触，摩擦阻力增大，超过泵送压力时，将引起堵管，而一般再生混凝土的黏聚性较好。

（3）在泵送过程中（压力条件下）预拌再生混凝土质量不得发生明显变化。

预拌再生混凝土的泵送存在因压力条件导致泌水和骨料吸水造成再生混凝土水分的迁移以及含气量的改变引起拌合物性质的变化，主要有如下两种情况：

① 泵压足够，但再生骨料吸水率大，在压力条件下，水分向前方迁移和向骨料内部迁移，使再生混凝土浆体流动性降低、润滑层水分丧失而干涩、含气量降低。再生混凝土局部受到挤压而变得密实，摩擦阻力加大，超过泵送压力，引起堵管。

② 因输送距离和摩擦阻力原因造成泵压不足，同时浆体流动性不足，再生混凝土拌合物移动速度过缓，承受压力时间过长，持续压力条件下，再生混凝土局部受到挤压而密实并丧失流动性，摩擦阻力进一步加大，泵压更为不足，引起堵管。

泵送失败的两个主要原因是摩擦阻力大和离析。预拌再生混凝土拌合物在管道中处于流动状态，在压力推动下进行输送，水是传递压力的介质，在泵送过程中，管道摩擦阻力 f 与流速 v 是反映预拌再生混凝土拌合物在管道中流动状态的两个主要参数。管道摩擦阻力 f 与流速 v 的关系计算式为[3]：

$$f=k_1+k_2 v \tag{4-1}$$

式中　k_1——黏结系数，混凝土粘在管壁上产生的阻力系数，Pa；

　　　k_2——速度系数，混凝土在管道内流动的速度快慢产生的阻力系数，Pa·s/m。

　　　k_1 和 k_2 取决于混凝土配合比和管道内壁情况。

4.3.2　配合比对可泵性的影响

预拌再生混凝土的可泵性和预拌再生混凝土与管壁间的摩擦、压力条件下浆体性能及预拌再生混凝土质量变化等有关，与再生骨料的形状、吸水率及其配合比有关。

1. 坍落度（或扩展度，均为流动性表征参数）的影响。

坍落度（扩展度）大的预拌再生混凝土，流动性好，在不离析（骨料不聚集、浆体不分离）、少泌水（水分不游离）的条件下，预拌再生混凝土黏度合适（不粘管壁），具有黏着系数和速度系数小的性质，压送就比较容易。

2. 胶凝材料用量的影响

胶凝材料用量增加、水胶比降低，一般均引起黏着系数和速度系数随之增大，但过少（水胶比大）时，容易发生离析、泌水，造成拌合物不均匀而引起堵管。

3. 砂率的影响

砂率过高，需要足够的浆体才能提供合适的润滑层，否则黏着系数和速度系数会加大，适当降低砂率可以提供适当的浆体包裹量，但过低则容易发生离析。通常，由于再生粗骨料吸水率较大，泵送混凝土通常胶凝材料少、浆体含量不足、砂率偏高，应提供适当数量的细粉料（不能引起用水量明显增加），增加粉煤灰、引气剂用量，以增加浆体体积分数，保证预拌再生混凝土有足够的和易性。

4.3.3　原材料对可泵性的影响

1. 再生骨料

再生粗骨料的吸水率大，因此会对预拌再生混凝土的流动性造成不利影响。配制时可以适当增加用水量以满足再生骨料的吸水率需要，此时增加的用水量被再生骨料吸附而不是用于水泥水化，所以一般不会影响混凝土的其他性能。一般地，Ⅲ类再生骨料可比Ⅰ类、Ⅱ类再生骨料混凝土的用水量增加得多一些。再生骨料取代率越高，可增加的用水量越多，但是不论何种情况，用水量增加都不应超过 5%。由于再生骨料的吸水率往往高于天然骨料，掺用再生骨料的预拌混凝土的坍落度损失也往往会偏快，所以需要采取比常规混凝土更有效的措施加以控制，如优化再生骨料颗粒形状、表面裹浆处理、减水剂延时掺加等。

　　水泥混凝土拌合物中骨料本身并无流动性，它必须均匀分散在水泥浆体中，通过水泥浆体带动一起向前移动。再生骨料随浆体的移动所受的阻力与浆体在拌合物中的充盈度有关。在拌合物中，水泥浆填充骨料颗粒间的空隙并包裹着骨料，在再生骨料表面形成浆体层，浆体层的厚度越大（前提是浆体与骨料不易分离），则再生骨料移动的阻力就会越小。同时，浆体量大，再生骨料相对减少，混凝土流动性增大，在泵送管道内壁形成的薄浆层可起到润滑层的作用，使泵送阻力降低，便于泵送。水泥浆体的含量对预拌再生混凝土泵送特别重要。国内外对泵送混凝土的最小水泥用量都有明确规定，其规定的实质应是保证拌合物中的最低浆体含量，即保证填充骨料空隙、包裹骨料的浆体体积分数。水泥品种、细度、矿物组成与掺合料等对达到同样流动性的预拌再生混凝土需水性、保持流动性的能力、泌水特性、稠度影响差异较大，是影响可泵性的主要因素。

　　2. 外加剂

　　由于泵送工艺的需要，为了满足适当的浆体含量和适宜的流动性，泵送混凝土用水量通常较大，而从预拌再生混凝土性能考虑，则需要控制水胶比，需借助外加剂的功效来解决其中的矛盾。泵送工艺需要外加剂在混凝土中的功效体现在如下方面：①降低用水量、增大流动性、改善和易性；②改善泌水性能；③改善因水胶比降低而增加的混凝土黏度以降低拌合物摩擦阻力；④延长凝结时间以适应施工操作时间，改善水化；⑤改善浆体流动性丧失的缺陷，降低坍落度损失。所以一般需要通过掺入减水剂或增加减水剂掺量等方式来保证泵送性。

　　3. 水和超细粉料

　　水是混凝土拌合物各组成材料间的联络项，也是泵送压力传递的关键介质，主宰混凝土泵送的全过程，但水加得太多，浆体过分稀释不利于泵送而且对混凝土强度及耐久性不利。通过掺粉煤灰等矿物掺合料及建筑垃圾微粉和高效减水剂多元复掺技术，可以提高预拌再生混凝土的泵送性。在水胶比相同的条件下，粉料的"滚珠效应"和"微集料效应"均有助于提高混凝土的流动性[4-5]。

　　4. 提高泵送效率的措施

　　（1）选用合理的再生骨料，条件允许时，应优先采用表面处理的再生骨料。

　　（2）控制适宜的初始坍落度。现场工程施工实践证明，很多情况下，配合比适当时，初始坍落度达到一定值（如 20～22cm）时，拌合物的坍落度损失会减缓，泵送前后的坍落度变化也比较小。

　　（3）采用保坍性能好的与水泥相适应的外加剂。

　　（4）采用合适的外加剂掺加方式，如用外加剂滞水法掺加可以得到理想结果。

　　（5）选择适宜的水泥，对外加剂适应性差的水泥，其坍落度损失都较大，通常选用比表面积大的水泥、CA 含量和碱含量高的水泥。品位低的混合材料的水泥、非二水石膏调凝的水泥对外加剂的适应性较差，拌和的预拌再生混凝土流动度损失大[6]。

　　（6）选用品质好的粉煤灰、矿粉矿物掺合料。

（7）降低温度升高的影响，采取有效措施降低拌合物的温度。

（8）改善骨料级配，减少超径、含泥量大、含粉量高的骨料的使用。

4.4 再生混凝土预拌技术

用废弃建筑垃圾加工得到的再生骨料和其他骨料、水泥、水以及外加剂、矿物掺合料等组分按设定的配合比，在搅拌站经集中拌制后的混凝土拌合物称为预拌再生混凝土。预拌再生混凝土生产技术主要包括再生混凝土的集中化预拌生产、长距离运输和泵送技术等。

4.4.1 预拌再生混凝土生产

预拌再生混凝土的集中化预拌生产应采用经过检测合格的各项原材料，经过设计的配合比、符合标准规定的搅拌机进行拌制。各项原材料计量准确，计量设备按照规定由法定计量单位进行鉴定并定期进行校准。计量设备能对再生混凝土的各种原材料进行连续计量，并对计量结果能够逐盘进行记录和贮存。

预拌再生混凝土应搅拌均匀，搅拌的最短时间应符合下列规定：

（1）当再生混凝土采用搅拌运输车运送时，其搅拌的最短时间应按照普通混凝土规定的最短时间适当增加。再生骨料取代率不大于30%时，搅拌时间宜延长25%；再生骨料取代率为30%~50%时，搅拌时间宜延长50%，并且每盘搅拌时间（从全部材料投完算起）不得少于90s。

（2）在制备再生混凝土或掺加减水剂、引气剂等外加剂时应相应增加搅拌时间。

（3）当采用翻斗车运送再生混凝土时，应适当延长搅拌时间。预拌再生混凝土在生产过程中应满足环境保护的各项要求，减少对周围环境的污染。搅拌站机房应设在封闭的空间，所有粉料的存储、运输、称量、拌制工序都应在密封状态下进行，并且有粉尘回收装置。

再生骨料料场和普通骨料料场宜采取防止扬尘的措施。搅拌站的污水应有序排放。设置专门的混凝土运输车冲洗设施，混凝土出厂前应将运输车外壁残浆清理干净[7-10]。

4.4.2 预拌再生混凝土生产设备

预拌再生混凝土搅拌设备是将组成再生混凝土的各种原料按预定的配合比进行配料，然后按照预定的工艺进行混合和搅拌，最后生产出具有一定性能的再生混凝土的设备。混凝土搅拌站的控制核心是计算机，利用计算机控制各种原材料的自动配料、自动提升、自动搅拌、自动卸料，另外，还要进行报表打印、数据统计等辅助工作[11]。

混凝土搅拌站的机械设备从功能上分一般由以下几部分构成：

（1）储料仓。储存水泥、再生骨料、砂石、水等物料，同时可以给配料机构提供材料。

（2）配料机构。对再生骨料、砂石等各种原材料进行计量。其主要由不同的质量计量设备秤组成，还包括体积计量设备、流量计量设备等。

（3）提升机构。用来提升再生骨料、砂石等。

（4）搅拌机。将再生混凝土的各种原材料在预定条件下进行充分搅拌，最后形成再生混凝土拌合物。

（5）控制系统。利用计算机和辅助控制设备控制各个部分协调工作，完成再生混凝土预拌的生产。

4.4.3　再生混凝土的预拌工艺和生产流程

1. 预拌再生混凝土搅拌基本工艺操作要点

（1）搅拌场地。清洁卫生，排水畅通，适当进行封闭。

（2）上料系统。应防止再生骨料、砂石进入运转机构。一般再生骨料与水泥不能同一管槽上料。料斗、管槽等部位中的原材料应卸净，不得留作下次进料。

（3）投料程序。可以采用一次投料法和多次投料法。一次投料法是将原材料依照设定的工艺次序一次投入到搅拌机中进行搅拌。为了避免水泥被水包裹而形成水泥球，一般先将水泥和各种骨料搅拌一下，使水泥分散开，再浇水搅拌，但不允许先投水泥，以免水泥粘连桶壁。多次投料搅拌再生混凝土，可采用预拌水泥浆法和预拌水泥砂浆法等。投料过程较复杂，需要专门程序来实现[8]。

相关研究表明，在添加水泥和水之前应先对再生骨料进行干拌，发现干拌再生骨料的混凝土抗压强度、抗拉强度和弹性模量比没有进行干拌的混凝土要高得多。究其原因，干拌效应发挥了较好的作用：①改善了粗骨料的形状；②黏附于再生骨料表面的旧砂浆脱附；③脱附的旧水泥细颗粒加速了新拌水泥的水化，起到化学成核剂作用。因此，近年来在建筑垃圾循环再生工艺中增加了再生骨料强化工序，目的在于改善骨料形态，除去再生骨料表面所附着的硬化水泥石，提高普通再生骨料的品质。目前常用的再生骨料强化技术为机械强化。青岛理工大学进行的一项研究发现，通过机械强化，再生混凝土粗骨料的颗粒堆积密度平均提高了 9.3%，表观密度从 2.56g/cm³ 提高到 2.59g/cm³，空隙率从 53.3% 降至 48.5%，吸水率从 4.7% 降至 2.9%，压碎指标值从 15.8% 降至 9.4%，而且堆积密度、紧密密度和针片状骨料含量等指标甚至优于天然粗骨料[12-14]。

（4）生产运行。运行中首先要控制计量精度和搅拌时间，确保预拌再生混凝土质量符合要求；其次是对设备进行检查和维护，防止设备异常和故障。

2. 预拌再生混凝土运输前的准备

（1）根据再生混凝土浇灌地点，准备好车辆通行证或过路单。

（2）根据再生混凝土运输量、运输距离、路面情况等条件合理配置泵车、搅拌运输车。

（3）车辆的配置数量应保证施工现场混凝土施工的连续进行。

（4）运输前，应进行车辆的例行保养，严禁车辆带病运行。

（5）装料前，装料口应保持清洁，筒体内不得有积水、积浆。

（6）运输前，应熟悉路线及路况，确保输送交付时间满足要求。

3. 预拌再生混凝土的运输

（1）预拌再生混凝土在运输时应符合《混凝土质量控制标准》（GB 50164—2011）的有关规定。

（2）在装料及运输过程中应保持搅拌运输车筒体低速旋转，使再生混凝土不离析、不分层，组成成分不发生变化，并能保证施工所需要的稠度。

（3）搅拌运输车应连续正向搅拌，严禁拌筒倒转或停转，如出现故障，及时排除或上报处理。

（4）严禁在运输和等待卸料过程中任意加水。

（5）预拌再生混凝土卸料前，应使料筒高速旋转，使其拌和均匀。如混凝土拌合物分层离析，应进行二次搅拌。

（6）当预拌再生混凝土运至浇筑地点，如发现其出现质量问题时，应及时上报，并根据现场施工管理人员意见进行处置。

（7）运输时，应遵守交通规则，保证搅拌运输车的安全行驶。

（8）如遇交通事故应立即上报各相关部门，并及时处理拌筒内混凝土。

（9）如果需要在卸料前掺入外加剂，试验人员应随车到达施工现场。外加剂掺入后，应快速搅拌 3～5min[15-16]。

4.5 再生混凝土的泵送技术

由于再生骨料具有吸水率高、表面摩擦力大的特点，预拌再生混凝土可泵性要弱于普通混凝土，因此泵送再生混凝土应首先满足可泵性要求。

4.5.1 预拌再生混凝土的泵送要求

（1）泵送再生混凝土对原材料的基本要求。为防止再生骨料在管内形成堵塞，再生粗骨料最大粒径与输送管径之比必须满足标准的要求。泵送再生混凝土每立方米的胶凝材料用量不宜小于 380kg，并根据需要适当掺加泵送剂等外加剂和掺合料。

（2）再生混凝土与管壁的摩擦阻力要小，泵送压力合适。如摩擦阻力大，输送的距离和单位时间内输送量受到限制；再生混凝土承受的压力加大，质量会发生改变。

（3）泵送过程中再生混凝土不得有离析现象。混凝土的分层离析使再生骨料在砂浆中处于非悬浮状态，再生骨料相互接触，摩擦阻力增大，当摩擦阻力超过泵送压力时，会引起泵管堵塞。

（4）在泵送过程中（压力条件下）再生混凝土质量不得发生明显变化。在混凝土泵送过程中（压力条件下）存在因压力条件导致泌水和再生骨料吸水，造成混凝土水分迁移或含气量损失，使再生混凝土局部受到挤压，摩擦阻力加大，当摩擦阻力超过泵送压力时，会引起泵管堵塞[17]。

4.5.2　预拌再生混凝土的泵送技术

（1）再生混凝土泵送管道应严密、不漏浆，保证输送畅通、卸料方便。

（2）再生混凝土泵送前，应用水泥浆湿润管壁。

（3）再生混凝土泵送应连续进行，不中断。如因特殊事故中断时间较长，应上报主管部门并及时清除泵管内再生混凝土，以免泵管堵塞。

（4）泵送过程中严禁随意加水。

（5）混凝土泵车应有足够的工作压力，确保再生混凝土及时输送到指定场所。

（6）泵送完毕要立即对管路进行清洗。

预拌再生混凝土的材料选择是满足生产需要的关键，包括水泥用量、外加剂和掺合料选用、再生骨料质量和表面处理、再生骨料取代率等。此外，预拌生产、长距离运输和泵送生产过程中的各项技术也非常重要。合理配置预拌再生混凝土，精细化施工，满足建筑工程的需求，则再生混凝土的预拌生产就能够实现并推广。

参考文献

[1] 邱怀中，何雄伟，万惠文，等．改善再生混凝土工作性能的研究 [J]．武汉理工大学学报，2003（12）：34-37.

[2] 孙跃东，肖建庄．再生混凝土骨料 [J]．混凝土，2004（6）：33-36.

[3] 邢锋，冯乃谦，丁建彤．再生骨料混凝土 [J]．混凝土与水泥制品，1999（2）：10-13.

[4] 肖开涛．再生混凝土的性能及其改性研究 [D]．武汉：武汉理工大学，2004.

[5] 杜婷，李惠强．强化再生骨料混凝土的力学性能研究 [J]．混凝土与水泥制品，2003（2）：19-20.

[6] 李秋义，王志伟，李云霞．加热研磨法制备高品质再生骨料的研究 [A] //智能与绿色建筑文集 [C]．北京：中国建筑工业出版社，2005：883-889.

[7] 屈志中．钢筋混凝土破坏及其利用技术的新方向 [J]．建筑技术，2001，32（2）：102-104.

[8] 李秋义，李云霞，朱崇绩，等．再生混凝土骨料强化技术研究 [C] //全国高强与高性能混凝土及其运用专题研讨会，2005：405-412.

[9] 中国建筑科学研究院．普通混凝土用碎石、卵石质量标准及检验方法：JGJ 53—2006 [S]．北京：中国建筑工业出版社，2006.

[10] 李秋义，李云霞，朱崇绩，等．再生混凝土骨料强化技术研究 [J]．混凝土，2006（1）：74-77.

[11] 李秋义，李云霞，朱崇绩．颗粒整形对再生粗骨料性能的影响 [J]．材料科学与工艺，2005（6）：579-585.

[12] 李占印．再生混凝土性能的试验研究 [D]．西安：西安建筑科技大学，2003.

[13] 邢振贤，周日农．再生混凝土的基本性能研究［J］．华北水利水电学学报，1998，19（2）：30-32.

[14] 肖建庄，李佳彬，孙振平，等．再生混凝抗压强度研究［J］．同济大学学报，2004，（12）：1558-1561.

[15] 徐亦冬．再生混凝土高强高性能化的试验研究［D］．长沙：中南大学，2003.

[16] 肖开涛，林宗寿，等．废弃混凝土的再生利用研究［J］．国外建筑科技，2004，25（1）：7-8.

[17] 李茂生，周庆刚．高性能自密实混凝土在工程中的应用［J］．建筑技术，2001，32（1）：39.

第5章 再生粗、细骨料混凝土

5.1 再生粗骨料混凝土

再生粗骨料混凝土（Recycled Coarse Aggregate Concrete，RCAC）是利用建筑垃圾所制备的再生粗骨料（粒径范围为4.75～31.5mm）部分或全部取代天然粗骨料，且全部使用天然细骨料配制而成的一种绿色混凝土。与天然粗骨料混凝土相比，再生粗骨料混凝土的质量影响因素多[1-3]，质量波动大。再生粗骨料存在吸水率高、表观密度小、压碎指标大等缺陷，由其制备的RCAC的性能也低于普通混凝土。为了全面探究再生粗骨料混凝土性能的变化规律，本节主要通过相关试验针对再生粗骨料特性进行分析，并对再生粗骨料在混凝土中的性能进行研究，以及进行再生粗骨料混凝土力学性能试验等，以期为再生粗骨料的应用提供参考。

5.1.1 再生粗骨料的特性对混凝土性能的试验研究

本小节测试了再生粗骨料的颗粒级配、吸水率、空隙率等指标，并对再生粗骨料混凝土性能进行研究。结果显示，再生粗骨料吸水率、空隙率较高，压碎指标差于天然粗骨料；混凝土工作性能和力学性能随再生粗骨料取代比例增加而降低；再生粗骨料预湿有助于混凝土流动性改善和坍落度保持，但会造成抗压强度下降；再生粗骨料能够加大干燥环境下的混凝土收缩。研究表明，应尽量控制再生粗骨料的掺入比率，不宜超过40%。

1. 原材料

（1）胶凝材料：水泥采用P·O 42.5R普通硅酸盐水泥；粉煤灰为Ⅱ级灰，需水比为98%；矿粉为S95。水泥的主要性能指标见表5-1。

表5-1 水泥的主要性能指标

标稠用水量 (%)	比表面积 (m²/kg)	密度 (kg/m³)	初凝时间 (min)	终凝时间 (min)	抗压强度（MPa）		抗折强度（MPa）		安定性 (试饼法)
					3d	28d	3d	28d	
26.5	348	3.02	180	252	29.3	52.0	6.5	8.6	合格

（2）骨料：细骨料由天然砂和机制砂组成，天然砂细度模数为1.5，含泥量1.0%；机制砂为石灰质砂，细度模数为2.7，含粉12%，MB值为1.5。

天然碎石颗粒粒径为5～25mm，连续级配，压碎指标值为8.0，无泥块；再生粗骨料由 C30 混凝土试块经破碎、筛选而成，去除表面附带石粉，粒径为 5～25mm。

（3）外加剂：采用聚羧酸外加剂，含固 12%，减水率为 21%。

2. 试验方法

（1）废弃混凝土经破碎，筛分，去除表面所含石粉，得到粒径为 5～25mm 的再生粗骨料，其吸水率、筛分试验及其他物理性能试验参照《混凝土用再生粗骨料》（GB/T 25177—2010）进行。

（2）混凝土工作性能参考《普通混凝土拌合物性能试验方法标准》（GB/T 50080—2016）。混凝土抗压强度按照《普通混凝土拌合物性能试验方法标准》（GB/T 50080—2016）成型 100mm×100mm×100mm 混凝土试件，常温养护 24h 拆模，测试混凝土指定龄期的抗压强度。

（3）采用接触法测试混凝土的干燥变形性能。按照混凝土配比成型尺寸 100mm×100mm×515mm 的棱柱体试件，每组 3 块，并预埋测头，带模养护 1d 后脱模，室内养护，条件为（20±2）℃、相对湿度为 60%，测试不同龄期的混凝土收缩率，计算公式如式（5-1）所示。

$$\varepsilon_t = (L_0 - L_t) / L_b \tag{5-1}$$

式中 ε_t——试验期为 t（d）的混凝土收缩率，%；

L_0——时间长度的初始度数，mm；

L_t——试件在试验期 t（d）时测得的长度，mm；

L_b——试件的测量标距，mm。

3. 再生粗骨料特性

（1）再生粗骨料颗粒分布。良好的骨料颗粒级配能够减少水泥用量、改善混凝土和易性、降低硬化后混凝土结构孔隙率。再生粗骨料由天然原石和人工石组成，破碎后要对再生粗骨料的级配进行分析，选择合适的再生粗骨料。

表 5-2 显示再生粗骨料大部分尺寸在 5～25mm，其中 4.75～19.0mm 粒径范围占比超过 90%，基本符合连续骨料级配。

表 5-2　粗骨料在不同筛孔尺寸下的分级和累计筛余

骨料种类		31.5mm	26.5mm	19.0mm	16.0mm	9.50mm	4.75mm	2.36mm
再生粗骨料	分级筛余（%）	0	3.5	14.1	12.0	35	33	1.5
	累计筛余（%）	0	3.5	17.6	29.6	64.6	97.6	99.1
天然粗骨料	分级筛余（%）		4.0	16	20	26.7	30	3.3
	累计筛余（%）	0	4.0	20	40	66.7	96.7	100

（2）吸水率。试验测试了粗骨料吸水率随时间变化，结果见表 5-3，其变化曲线如图 5-1 所示。

表 5-3 　粗骨料吸水率随时间变化

时间（min）	10	30	60	90	120	180	240	300
天然粗骨料	0.45	0.48	0.49	0.50	0.52	0.53	0.54	0.54
再生粗骨料	3.4	4.0	4.5	4.6	4.7	4.7	4.8	4.9

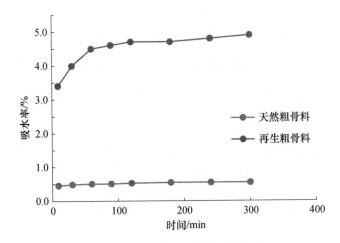

图 5-1 　粗骨料吸水率随时间变化曲线

测试结果显示，随着时间推移，天然粗骨料吸水率较低，且在 100min 内吸水率基本稳定；而再生粗骨料吸水率较高，且吸水过程是持续的，但主要在 60min 内，这说明再生粗骨料对外界水分的吸收主要发生在早期[4-5]，早期充足的水分对于再生粗骨料性能的稳定较为必要。

混凝土在水化和服役的过程中，不可避免地会产生气孔和微裂纹，在进行再生粗骨料的生产中，这些孔隙和微裂纹为水分迁移提供了大量通道，使得再生粗骨料吸水速率和吸水率都高于天然粗骨料[6]。

（3）其他物理性能（表 5-4）。

表 5-4 　再生粗骨料和天然粗骨料物理性质对比

骨料种类	表观密度（kg/m³）	堆积密度（kg/m³）	空隙率（%）	压碎指标值
再生粗骨料	2560	1570	42.0	12.5
天然粗骨料	2750	1610	38.3	8.0

表 5-4 结果表明，再生粗骨料空隙率较高，且压碎指标值较高，承受荷载的能力较弱，这将对拌和后的混凝土性能造成影响。

4. 再生粗骨料对混凝土性能的影响

（1）再生粗骨料取代率对混凝土性能的影响。再生粗骨料和天然粗骨料在吸水率、空隙率、压碎指标值等关键指标方面存在明显差异，在应用中需要考虑再生粗骨料掺比问题，选择合适的再生粗骨料取代比例对于混凝土性能的发挥极其重要。

以 C30 混凝土为例，其配合比及原材料用量见表 5-5。采用表 5-5 配合比，选择不同的再生粗骨料取代比例，研究再生粗骨料对混凝土工作性能和力学性能的影响，试验结果见表 5-6。

表 5-5 C30 混凝土配合比

水泥	粉煤灰	矿粉	河砂	机制砂	粗骨料	水	外加剂
250	60	40	210	590	1060	170	7.0

表 5-6 再生粗骨料取代比例对混凝土性能的影响

编号	再生粗骨料比率（％）	坍落度/扩展度（mm/mm）	抗压强度（MPa）		
			7d	28d	60d
1	0	230/570	29.2	36.6	43.0
2	20	220/550	29.0	36.1	42.6
3	40	220/530	27.5	34.8	41.3
4	60	210/510	25.4	31.3	34.6
5	80	200/500	24.0	30.8	32.5
6	100	180/470	23.2	28.4	30.0

从表 5-6 可以看出，再生粗骨料取代比率从 0 增加至 100％，混凝土初始坍落度和扩展度也随之下降，混凝土 7d、28d 和 60d 抗压强度也出现不同程度的下降。这是因为再生粗骨料在破碎过程中会产生部分棱角[7]，表面凹凸不平，对浆体流动产生的阻力较大[8]，混凝土工作性能下降。当再生粗骨料掺比 40％ 以下时，混凝土初始坍落度和扩展度损失、抗压强度损失相对可控，有利于再生粗骨料的资源化利用。

（2）再生粗骨料预湿对混凝土性能的影响。干燥的再生粗骨料会吸收水分，使得混凝土流动性下降，为了降低再生粗骨料吸水率高对混凝土工作性能带来的负面影响，采用粗骨料预湿技术，使得再生粗骨料处于饱和面干状态，进行下一步试验，结果见表 5-7。

表 5-7 再生粗骨料预湿对混凝土性能的影响

编号	再生粗骨料比率（％）	是否预湿	坍落度/扩展度（mm/mm）		抗压强度（MPa）	
			初始	1h	7d	28d
PR-1	20	否	220/550	200/500	29.0	36.1
PR-2	20	是	220/550	210/510	27.6	34.0
PR-3	40	否	220/530	180/440	27.5	34.8
PR-4	40	是	210/510	200/460	24.4	31.8

表 5-7 结果显示，在再生粗骨料取代比为 20％、40％ 时，预湿有助于再生粗骨料混凝土流动性改善，1h 坍落度和扩展度保持能力也优于未预湿再生粗骨料混凝土，这可能因为再生粗骨料预湿大幅降低了其内部孔隙和毛细通道对外部水分的吸收，使得水分

能够足够带动浆体和骨料的流动，粗骨料吸收的水分在静置的过程中又可以反哺混凝土内部，使得混凝土经时坍落度损失降低。

但同时也可以看出，再生粗骨料预湿后混凝土抗压强度降低，且再生粗骨料比率越高，强度下降越明显。混凝土强度取决于水泥浆体与骨料的黏结力[9]，干燥的再生粗骨料通过与周围水泥浆进行水分交换，使得界面过渡区有效水胶比降低，混凝土整体强度提高。

（3）再生粗骨料对混凝土体积稳定性的影响。混凝土在水化和养护过程中易产生收缩，进而产生微裂纹，若继续发展会影响混凝土结构的服役寿命[10]。再生粗骨料自身的特点使得其内部与外界交换水分的通道较多，对混凝土体积稳定性造成一定影响，对此，研究了不同比率的再生粗骨料混凝土在室内养护［温度（20±2）℃，相对湿度50％］下的收缩，结果见表 5-8、图 5-2。

表 5-8　再生粗骨料比例对混凝土收缩的影响（×10⁻⁶）

龄期（d）＼比率（%）	0	20	40	60	80	100
1	101	125	148	163	175	200
3	150	187	220	239	252	301
7	230	259	300	323	346	387
14	280	327	398	416	429	443
28	320	376	475	485	510	530
60	370	449	530	547	560	596

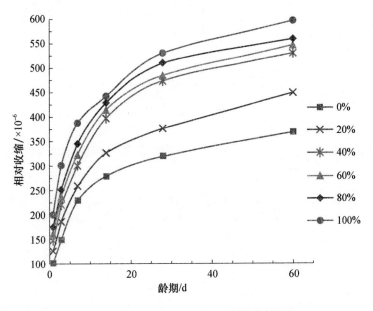

图 5-2　再生粗骨料混凝土干燥收缩情况

表 5-8、图 5-2 结果表明，再生粗骨料的掺入能够加大混凝土各龄期的收缩，且再生粗骨料越多，收缩越大。当再生粗骨料掺量超过 20％时，混凝土收缩加大，这是因为再生粗骨料内部气孔较多，在养护水分不足的情况下，混凝土内部水分更容易通过内部孔隙蒸发，进而加大自身收缩。

5. 结论

（1）通过合理破碎筛分，可以生产级配连续的骨料，对比天然粗骨料，再生粗骨料空隙率更高，随时间吸附水分的能力更强，压碎指标差，抵抗外界荷载的能力较弱。

（2）再生粗骨料比率增加，混凝土初始工作性能下降，抗压强度下降，再生粗骨料取代率 40％以下时，对混凝土工作性能和强度的负面影响相对可控。

（3）再生骨料预湿有助于拌合物水分的保持，能改善混凝土流动性；但预湿后粗骨料与浆体的黏结力减弱，混凝土抗压强度有所下降。

（4）在外界水分不足的情况下，再生粗骨料内部通道较多，向周围环境释放水分速度较快，使得混凝土收缩较大，再生粗骨料比率增加，混凝土各龄期收缩值越大。

5.1.2　再生粗骨料混凝土的力学性能试验研究

影响再生混凝土力学性能的因素众多，包括废弃混凝土的强度、再生骨料的破碎工艺、再生骨料的取代率、矿物料掺量及配合比等，且再生骨料具有孔隙率高、组分界面复杂等特征，故再生混凝土力学性能的规律性较差，国内外学者给出的结论也不尽相同。

本小节以某 10 年龄期的既有框架建筑物的废弃混凝土（设计强度等级为 C35）为再生粗骨料原料，拟配制坍落度达 140mm 的 C40 泵送用混凝土。以再生粗骨料取代率（0、50％、100％）、粉煤灰取代率（0、14％、25.6％）为主要研究参量，对 9 组 135 个混凝土试块进行立方体抗压、棱柱体抗压、劈裂抗拉和弹性模量等力学性能试验研究，旨在为再生混凝土应用推广进一步提供理论依据。

1. 试验概况

（1）原材料。

① 胶凝材料：采用 P·O 42.5 级水泥（海螺牌）、Ⅰ级粉煤灰（巩义市元亨净水材料厂）。

② 骨料：采用普通河砂，粗骨料采用粒径 5～31.5mm 的连续级配的碎石和再生粗骨料。其中，再生粗骨料由服役期约 10 年的既有建筑物废弃混凝土块（设计强度等级为 C35）经机器压碎所得，如图 5-3 所示。

③ 水：采用生活自来用水。

④ 外加剂：DC-WR1 高效减水剂（萘系减水剂）。

各类骨料的物理性能指标见表 5-9。可见，所选用再生粗骨料的各项物理指标具有一般再生骨料的特征，但与天然粗骨料相差不大。

(a) 天然粗骨料　　　　　　　　(b) 再生粗骨料

图 5-3　天然粗骨料和再生粗骨料

表 5-9　再生粗骨料和天然粗骨料指标汇总

骨料种类	粒径 （mm）	表观密度 （kg/m³）	堆积密度 （kg/m³）	含水率 （%）	吸水率 （%）	压碎指标值 （%）
再生粗骨料	5~31.5	2.54	1.45	0.65	1.50	11.5
天然粗骨料	5~31.5	2.65	1.50	0.485	0.29	9.5
天然砂	—	2.61	—	0.91	—	—

　　（2）配合比设计。对于再生混凝土配合比的研究较多，但由于再生骨料的特性波动性较大，所得结论也不尽相同甚而相反。本文以保证坍落度在 140mm 左右为目标，参考普通混凝土配合比设计方法，拟定各组分试配配合比，再根据和易性、坍落度调整用水量，满足泵送混凝土要求。

　　砂率保持 34% 不变，主要变量为再生粗骨料取代率和粉煤灰取代率（占水泥和粉煤灰总质量的百分比），混凝土试验配合比见表 5-10。各组坍落度均控制在 135~155mm 之间，符合目标坍落度要求，且再生混凝土黏聚性、保水性也较好。由于粉煤灰取代率提高，吸水量增大，降低再生混凝土的坍落度，故 7~9 组通过增加水泥浆用量满足坍落度的要求。

表 5-10　混凝土试验配合比

编号	水泥 （kg/m³）	I 级粉煤灰 （kg/m³）	粉煤灰取代率 （%）	再生骨料取代率（%）	天然粗骨料 （kg/m³）	再生粗骨料 （kg/m³）	砂 （kg/m³）	用水量（kg/m³） W_1	用水量（kg/m³） W_2	高效减水剂 （kg/m³）	水灰比	坍落度 （mm）
N100	325.1	0	0	0	1208.5	0	622.6	195.5	0	3.25	0.60	155
R105	354.2	0	0	50	604.3	604.3	622.6	195.5	6.0	3.25	0.57	135
R110	354.2	0	0	100	0	1208.5	622.6	195.5	12.1	3.25	0.59	135
N200	330.1	53.5	14.0	0	1179.4	0	607.6	195.5	0.0	3.57	0.51	135
R205	330.1	53.5	14.0	50	589.7	589.7	607.6	195.5	5.9	3.57	0.52	140
R210	330.1	53.5	14.0	100	0	1179.4	607.6	195.5	11.8	3.57	0.54	130

编号	水泥 （kg/m³）	Ⅰ级粉煤灰 （kg/m³）	粉煤灰取代率 （%）	再生骨料取代率（%）	天然粗骨料（kg/m³）	再生粗骨料（kg/m³）	砂 （kg/m³）	用水量（kg/m³）		高效减水剂 （kg/m³）	水灰比	坍落度 （mm）
								W_1	W_2			
N300	366.0	126.1	25.6	0	1127.9	0	581.0	216.3	0	4.20	0.44	135
R305	366.0	126.1	25.6	50	563.9	563.9	581.0	216.4	5.6	4.20	0.45	140
R310	366.0	126.1	25.6	100	0	1127.9	581.0	216.4	11.3	4.20	0.46	135

注：①试块编号中的 N 和 R 分别表示普通、再生混凝土，第一位数字为粉煤灰组号，后两位数字为再生粗骨料取代率；②W_1 为按照普通混凝土配合比设计方法计算的单位用水量；W_2 为单位体积混凝土中再生粗骨料预吸水量。

（3）试块制作。本试验采用标准试模（立方体试块：150mm×150mm×150mm；棱柱体试块：150mm×150mm×300mm）制作了 9 组试块，每组包含 9 个立方体和 6 个棱柱体，分别进行立方体抗压强度（3d、28d）、立方体劈裂抗拉强度、棱柱体轴心抗压强度和弹性模量试验，编号见表 5-11。试块放在温度为（20±2）℃的环境中静置一昼夜，然后编号、拆模，拆模后放在相对湿度为 96％的标准养护室支架上继续养护。

表 5-11　试块编号

序号	编号	立方体抗压	轴心抗压	劈裂抗拉	弹性模量
1	N100	LN1001～6	ZN1001～3	PN1001～3	TN1001～3
2	R105	LR1051～6	ZR1051～3	PR1051～3	TR1051～3
3	R110	LR1101～6	ZR1101～3	PR1101～3	TR1101～3
4	N200	LN2001～6	ZN2001～3	PN2001～3	TN2001～3
5	R205	LR2051～6	ZR2051～3	PR2051～3	TR2051～3
6	R210	LR2101～6	ZR2101～3	PR2101～3	TR2101～3
7	N300	LN3001～6	ZN3001～3	PN3001～3	TN3001～3
8	R305	LR3051～6	ZR3051～3	PR3051～3	TR3051～3
9	R310	LR3101～6	ZR3101～3	PR3101～3	TR3101～3

2. 试验现象

试验加载采用微机控制的电液伺服万能材料试验机，其自带标准加载程序，满足《普通混凝土拌合物性能试验方法标准》（GB/T 50080—2016）要求。

（1）抗压强度试验。进行了 3d、28d 的立方体抗压试验。因再生粗骨料与天然骨料的各项物理指标差异不大，两者破坏形态和过程无明显差异，均在荷载接近峰值时，试块中部出现一条或几条互相平行纵向裂缝。其典型破坏形态如图 5-4 所示。

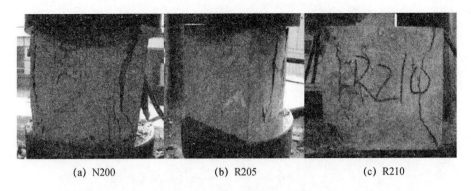

(a) N200　　　　　(b) R205　　　　　(c) R210

图 5-4　立方体抗压破坏形态（28d）

对于棱柱体轴心抗压强度试验，由图 5-5 可见，因天然粗骨料混凝土棱柱体强度较高，其试验破坏现象较再生粗骨料试块更为严重（如 N300）。再生粗骨料试块在荷载达到峰值时出现少量裂缝，承载力随之下降。

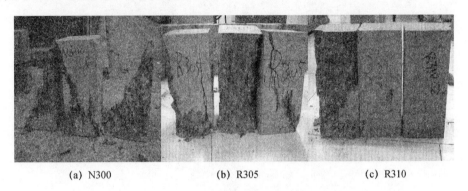

(a) N300　　　　　(b) R305　　　　　(c) R310

图 5-5　棱柱体轴心抗压破坏形态

（2）劈裂抗拉试验。从破坏形态和过程可以看出，天然骨料混凝土与再生骨料混凝土并无明显差异，试块多从中间劈裂成两半，比较突然，典型破坏形态如图 5-6 所示。此外，劈裂面如图 5-7 所示，随着粉煤灰取代率的提高，界面颜色逐渐加深；裂面破坏形态多为水泥胶砂体的断裂，同时可见部分再生粗骨料发生断裂，可能由骨料制备过程中产生的微裂隙所致。

（3）静力受压弹性模量试验。在整个标准加载过程中，试块表面无明显变化，在后续的轴心抗压试验中，试验破坏现象与棱柱体轴心抗压试验无明显区别。

3. 试验结果分析

（1）试验结果。立方体抗压、棱柱体抗压、劈裂抗拉强度和弹性模量等性能指标试验结果见表 5-12，均为按照《普通混凝土拌合物性能试验方法标准》（GB/T 50080—2016）相关条文处理后的平均值。同时，对各组试块的各项指标进行了对比分析，如图 5-8～图 5-10 所示。

图 5-6　劈裂抗拉破坏形态

图 5-7　劈裂抗拉破坏面

表 5-12　力学性能试验结果

编号	立方体抗压强度 f_{cu}（MPa）		轴心抗压强度 f_c（MPa）	f_{cu}/f_c	弹性模量 E_c/GPa	劈裂抗拉强度 f_t（MPa）	f_t/f_{cu}
	3d	28d					
N100	21.6	39.2	31.5	0.80	28.00	2.24	0.07
R105	16.2	39.0	29.7	0.76	24.30	2.28	0.08
R110	14.6	37.8	29.2	0.77	19.52	2.73	0.09
N200	25.2	42.9	34.8	0.81	28.91	2.96	0.09
R205	23.7	40.5	32.6	0.80	23.46	3.50	0.11
R210	19.1	39.0	31.5	0.81	20.45	2.85	0.09
N300	25.7	56.3	44.9	0.80	30.00	4.69	0.10
R305	25.0	54.5	43.2	0.79	27.99	3.45	0.08
R310	24.5	53.4	42.5	0.80	23.50	3.68	0.09

　　（2）强度指标随影响因素变化规律。由图 5-8 可见，立方体和棱柱体抗压强度均随着再生骨料取代率的增加而略有降低，与李佳彬等研究结论一致。第二大组试块（N200、R205、R210）掺加 14% 的粉煤灰后，其抗压强度略有提升，这是因为粉煤灰均匀包裹混凝土中的骨料颗粒，水泥水化过程中其能更好地吸收界面区的 $Ca(OH)_2$，产生二次水化，改善界面缺陷，提高黏结强度，从而提高混凝土强度，这与罗伯光等的研究结果一致。第三大组试块（N300、R305、R310）因考虑粉煤灰掺入量提高，吸水量增大，提高了水泥砂浆的用量以满足流动性（坍落度）的要求，故强度提高较多。

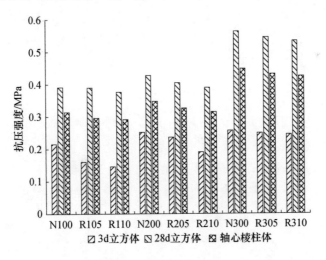

图 5-8　抗压强度对比

　　由图 5-9 可见，劈裂抗拉强度受再生粗骨料取代率的影响规律不明显。同时发现，当粉煤灰掺入量提高后，抗拉强度也略有提升。因劈裂抗拉强度本身离散性较大，故难以确定再生粗骨料和粉煤灰取代率的影响。

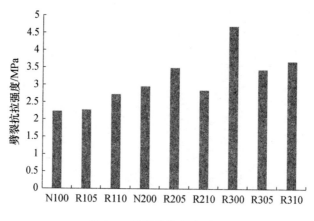

图 5-9　劈裂抗拉强度对比

由图 5-10 可见，随着再生骨料取代率的提高，试块的弹性模量呈下降趋势。同时发现，当粉煤灰掺入量提高后，弹性模量略有提高。

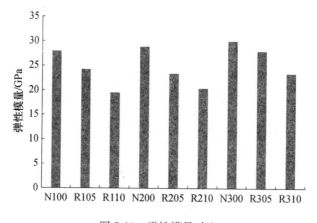

图 5-10　弹性模量对比

（3）各强度指标之间关系。由表 5-12 可见，各取代率下轴心抗压强度 f_c 和立方体抗压强度 f_{cu} 的比值均在 0.8 左右，f_t 为 f_{cu} 的 $1/14 \sim 1/10$，再生粗骨料取代率、粉煤灰取代率等参数对各强度指标间的关系影响不明显。

对于弹性模量 E_c，《混凝土结构设计规范》条文说明给出的建议式如式（5-2）所示。

$$E_c = 100 / (2.2 + 34.7 / f_{cu}) \qquad (5-2)$$

式中　E_c——弹性模量，MPa；

　　　f_{cu}——立方体抗压强度，MPa。

4. 结论

（1）试验所选的再生粗骨料与天然粗骨料的物理性能差异不大，故两者立方体抗压试验破坏形态和过程无明显差异。对于棱柱体轴心抗压强度，天然粗骨料混凝土棱柱体试验破坏现象更为严重，而再生粗骨料试块在荷载达到峰值时出现少量裂缝，承载力下降。

（2）在保证坍落度要求确定配合比的前提下，立方体和棱柱体抗压强度随着再生骨料取代率的增加而降低，随着粉煤灰取代率的增加而略有提升。

（3）劈裂抗拉强度受再生粗骨料和粉煤灰取代率的影响不明显。

（4）弹性模量随着再生粗骨料取代率的提高呈下降趋势，随着粉煤灰掺入量的提高而有所增大。

（5）再生粗骨料和粉煤灰取代率对棱柱体轴心抗压强度、劈裂抗拉强度与立方体抗压强度关系的影响不明显。不同再生粗骨料取代率下，弹性模量 E_c 与 f_{cu} 均呈现了较好的线性关系，且试验结果均低于规范式计算值。

5.2　再生细骨料混凝土

作为一种新型绿色建材，再生混凝土基本性能的优劣直接关系到混凝土结构的质量，其重要性不容忽视。为此，需要研究再生混凝土的工作性能、力学性能和耐久性能。目前的研究大多是针对再生粗骨料混凝土，国内外学者已从最初的基本材性研究发展至结构性能方面，并逐步应用到实际工程中。与此形成鲜明对比的是，再生细骨料混凝土（RFA concrete）的研究尚处于初步的层面，亟须进一步细致研究，以便将其早日应用到工程实际中，既能实现砂子资源再生，又能确保工程结构质量。

本节选自浙江工业大学孙宇航等的《实际生产再生细骨料混凝土力学性能及耐久性能试验研究》，文中采用基于自由水灰比的配合比设计方法成功配制了再生细骨料混凝土，并按 5 种水灰比、6 种再生细骨料取代率分别进行了再生细骨料混凝土的工作性能、力学性能和耐久性能试验，探讨了工程应用的可行性。

5.2.1　再生细骨料混凝土的力学性能研究

1. 配合比设计

（1）原材料。试验用水泥采用某公司生产的 P·O 42.5 级普通硅酸盐水泥，其主要性能指标见表 5-13。骨料中的天然粗骨料采用德清产地的粒径为 5～25mm 连续级配天然碎石，天然细骨料采用赣江产地的天然砂，属 2 区级配的中砂，再生细骨料由嘉兴某再生建筑资源厂家提供，属 1 区级配的粗砂，其主要物理性能指标见表 5-14。水为自来水。

表 5-13　水泥主要性能指标

标稠用水量（%）	水泥安定性	终凝时间（min）	终凝时间（min）	抗压强度（MPa）		抗折强度（MPa）	
				3d	28d	3d	28d
25.1	合格	153	196	25.8	45.3	5.6	8.1

表 5-14 再生粗骨料和天然粗骨料指标

指标	细度模数	含泥量（％）	表观密度（kg/m³）	松散（紧密）堆积密度（kg/m³）	泥块含量（％）	压碎指标（％）	空隙率（％）	吸水率（％）
碎石	—	0.6	2670	1410（1610）	0.0	9	47	—
砂	2.5	0.9	2640	1490（1690）	0.0	8	44	0.7
PFA	3.2	8.1	2450	1210（1270）	2.3	29	51	8.2

（2）配合比。有别于普通骨料混凝土，再生细骨料混凝土配合比设计采用基于自由水灰比的配合比设计方法，它把混凝土拌和用水分成两部分：一部分为自由水，类似于普通骨料混凝土单位用水量；另一部分为吸附水，是再生细骨料达到饱和面干状态时在天然细骨料基础上附加的用水量[11]，计算公式见式（5-3）。

$$m_w = m_r (s_{ra} - s_{na} - w_{ra}) \tag{5-3}$$

式中　m_w——单位吸附水量，kg/m³；

　　　m_r——单位再生细骨料用量，kg/m³；

　　　s_{ra}——再生细骨料饱和面干吸水率，％；

　　　s_{na}——天然细骨料饱和面干吸水率，％；

　　　w_{ra}——再生细骨料含水率，％。

因本试验所用骨料均处理至干燥状态，其值取 0。

5 种水灰比（0.5、0.55、0.6、0.65、0.7）、6 种再生细骨料取代率（0、20％、40％、60％、80％、100％）的配合比见表 5-15，混凝土砂率为 36％，控制坍落度为（80±10）mm。由表 5-15 可见，除了 5 组外，混凝土坍落度均满足试验设计要求，并且试验过程中所有组号混凝土的黏聚性和保水性均表现良好，说明了再生细骨料混凝土的工作性能基本能满足要求。

表 5-15 再生细骨料混凝土配合比及坍落度

组号	PFA 取代率（％）	水灰比	材料用量（kg/m³）						坍落度（mm）
			水泥	碎石	砂	PFA	自由水	吸附水	
1	0	0.5	380	1203	677	0	190	0	75
2	20	0.5	380	1203	542	135	190	10	75
3	40	0.5	380	1203	406	271	190	20	80
4	60	0.5	380	1203	271	406	190	30	75
5	80	0.5	380	1203	135	542	190	41	65
6	100	0.5	380	1203	0	677	190	51	70
7	0	0.55	345	1203	677	0	190	0	80
8	20	0.55	345	1203	542	135	190	10	90
9	40	0.55	345	1203	406	271	190	20	80
10	60	0.55	345	1203	271	406	190	30	70

组号	PFA 取代率（%）	水灰比	材料用量（kg/m³）						坍落度（mm）
			水泥	碎石	砂	PFA	自由水	吸附水	
11	80	0.55	345	1203	135	542	190	41	75
12	100	0.55	345	1203	0	677	190	51	75
13	0	0.6	308	1203	677	0	185	0	80
14	20	0.6	308	1203	542	135	185	10	80
15	40	0.6	308	1203	406	271	185	20	85
16	60	0.6	308	1203	271	406	185	30	70
17	80	0.6	308	1203	135	542	185	41	75
18	100	0.6	308	1203	0	677	185	51	70
19	0	0.65	277	1203	677	0	180	0	85
20	20	0.65	277	1203	542	135	180	10	80
21	40	0.65	277	1203	406	271	180	20	80
22	60	0.65	277	1203	271	406	180	30	80
23	80	0.65	277	1203	135	542	180	41	75
24	100	0.65	277	1203	0	677	180	51	75
25	0	0.7	257	1203	677	0	180	0	80
26	20	0.7	257	1203	542	135	180	10	85
27	40	0.7	257	1203	406	271	180	20	75
28	60	0.7	257	1203	271	406	180	30	80
29	80	0.7	257	1203	135	542	180	41	70
30	100	0.7	257	1203	0	677	180	51	75

2. 力学性能

（1）立方体抗压强度。各水灰比对应的再生细骨料混凝土 7d、28d 立方体抗压强度随取代率的变化曲线如图 5-11 所示。可见，对各水灰比而言，当再生细骨料取代率从 0 提高到 100％时，抗压强度都有一定幅度的降低，可能的原因有：①再生细骨料颗粒级配不佳，空隙率大，加上细度模数 3.2 的再生细骨料砂率偏低，都说明再生细骨料并不能很好地填充粗骨料缝隙，混凝土密实度偏差，受压时内部易产生应力集中[12]；②再生细骨料新旧水泥浆体界面区黏结最为薄弱，裂缝多数沿此界面开展；③再生细骨料自身强度不及天然砂，裂缝可能贯穿再生细骨料。

由图 5-11（b）可见，当取代率从 0 提高到 20％时，各水灰比对应的强度降低率都不大，甚至个别高于普通混凝土，可能的原因有：①再生细骨料自身包裹未水化的水泥颗粒，相当于增加了水泥用量；②再生细骨料内部的吸附水为水泥的水化、凝结硬化供应了足够的水分，有利于混凝土强度发展；③此时的再生细骨料能与天然砂形成良好的颗粒级配，降低空隙率，混凝土的密实度变优。但当取代率达到 40％以上时，混凝土

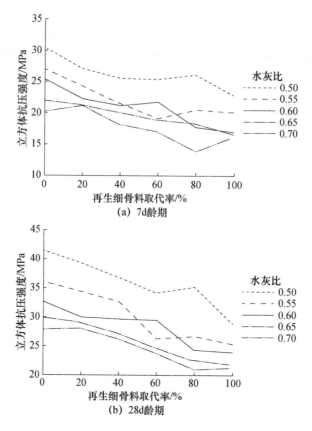

图 5-11　再生细骨料取代率对立方体抗压强度的影响

抗压强度降低显著。当取代率达到 100％时，较普通混凝土而言，水灰比 0.5、0.55、0.6、0.65、0.7 对应的抗压强度分别降低 30.1％、29.4％、26.6％、26.8％、23.7％，且水灰比大于 0.5 时，强度降低出现减小的趋势。这很可能是由于不同水灰比对应的再生细骨料混凝土内部破坏特征有明显差别所致。

（2）劈裂抗拉强度。各水灰比对应的再生细骨料混凝土 7d、28d 劈裂抗拉强度随取代率的变化曲线如图 5-12 所示。可见，同抗压强度一样，对各水灰比而言，当再生细骨料取代率从 0 提高到 100％时，随着取代率增加，抗拉强度呈现递减趋势。当取代率为 100％时，抗拉强度均较普通混凝土有着一定程度的降低，主要原因仍由颗粒级配差、空隙率大、存在薄弱的界面区、自身强度低所导致[13]。

由图 5-12（b）可知，当取代率从 0 提高到 20％，除水灰比 0.6 外（强度降低率异常偏大），其余水灰比对应的抗拉强度降低都不显著，甚至出现高于普通混凝土的情形。这一特征的出现，除了可能有抗压强度的①②③点原因外，还可能包括再生细骨料中适宜的微粉含量能够提高水泥砂浆体黏结能力的因素。但当取代率提高到 40％以上时，混凝土抗拉强度迅速降低，比如当取代率提高到 100％时，水灰比 0.5、0.55、0.6、0.65、0.7 对应的抗拉强度依次降低了 18.6％、19.2％、24.2％、23.7％、19.2％，而强度降低率大小与水灰比变化之间并不存在像抗压时的明显规律。

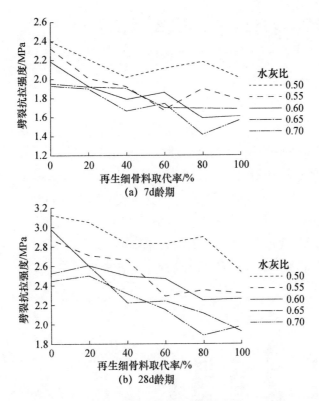

图 5-12　再生细骨料取代率对劈裂抗拉强度的影响

（3）抗折强度。水灰比 0.5、0.6、0.7 对应的再生细骨料混凝土 28d 抗折强度随取代率的变化曲线如图 5-13 所示。混凝土的抗折强度和劈裂抗拉强度均是表征抗拉性能的指标，前人研究表明两者具有高度的一致性。

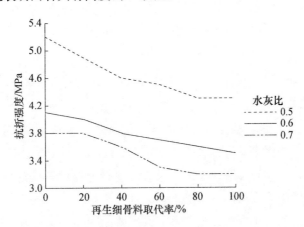

图 5-13　再生细骨料取代率对抗折强度的影响

对比图 5-12、图 5-13 可知，再生细骨料混凝土的抗折强度与劈裂抗拉强度也基本符合这一规律。再生细骨料混凝土抗折强度随取代率变化的规律及原因分析同抗拉强度，此处不再赘述。

5.2.2 再生细骨料混凝土的耐久性能研究

1. 抗水渗透

采用逐级加压法测定了水灰比 0.55、0.65 分别对应的 28d 龄期再生细骨料混凝土抗渗等级，抗渗等级随取代率的变化曲线如图 5-14 所示。可见，对两种水灰比而言，再生细骨料混凝土的抗渗等级总体趋势随着取代率增加而降低，即抗水渗透性能在逐步降低，这主要是由再生细骨料自身颗粒级配差、空隙率大、存在微裂缝等导致混凝土密实度变差引起的。此外，水灰比 0.65 再生细骨料混凝土的抗渗等级总是不高于水灰比 0.55，即水灰比大，抗水渗透性能就稍差。这主要是因为水灰比越大水泥水化速度越慢，相应水化过程中产生更多的毛细孔，造成混凝土密实度变差[14]。

水灰比 0.55 时取代率 0、20％、40％及水灰比 0.65 时取代率 0、20％的再生细骨料混凝土的抗渗性能基本能达到 P6 等级，符合工程一般要求。

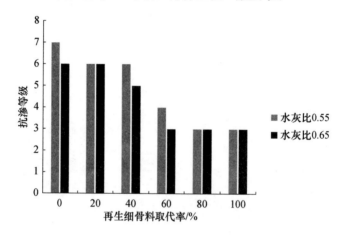

图 5-14　再生细骨料取代率对抗渗等级的影响

2. 抗氯离子渗透

采用电通量法测定了水灰比 0.55、0.65 分别对应 28d 龄期再生细骨料混凝土的 6h 总电通量，电通量随（再生细骨料）取代率的变化曲线如图 5-15 所示。可见，随着（再生细骨料）取代率增加，再生细骨料混凝土的电通量总体上呈现出不断增大的规律，说明抗氯离子渗透性能逐渐减弱（水灰比 0.55 取代率 100％再生细骨料混凝土的电通量偏高异常，应是试验操作偏差所致）。这主要是因为取代率提高引起吸附水量增加，引起单位总用水量增加，致使电通量增大。此外，不难发现水灰比越大，相同取代率再生细骨料混凝土的抗氯离子渗透性能略差，其主要原因同抗水渗透[15]。

水灰比 0.55 时取代率 0、20％、40％及水灰比 0.65 时取代率 0、20％的再生细骨料混凝土抗氯离子渗透性能达到《混凝土质量控制标准》（GB 50164—2011）Ⅲ级及以上，说明其氯离子渗透性低。

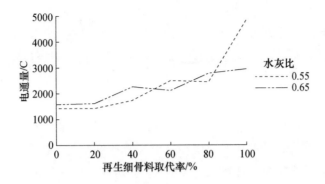

图 5-15 再生细骨料取代率对电通量的影响

3. 碳化

水灰比 0.65 时取代率 20%、40% 的再生细骨料混凝土 7d、14d、28d 碳化龄期对应的碳化深度随取代率的变化曲线如图 5-16 所示。可见，再生细骨料混凝土的碳化深度均随着碳化龄期增长而增加。对不同碳化龄期而言，取代率 40% 时再生细骨料混凝土的碳化深度略大于取代率 20% 的情形，这是由于再生细骨料混凝土密实度随取代率增加不断变差，抗碳化性能变差所致。

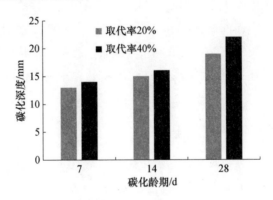

图 5-16 再生细骨料取代率对碳化深度的影响

取代率 20% 的再生细骨料混凝土 28d 碳化龄期的碳化深度小于 20mm，说明其抗碳化性能较好，可满足大气环境下 50 年的耐久性要求。

4. 结论

（1）再生细骨料混凝土配合比设计时把混凝土拌和用水分成自由水和吸附水两部分，解决了再生细骨料吸水率大影响坍落度这一难题，试验所配的再生细骨料混凝土的工作性能基本满足要求。

（2）对不同水灰比而言，随着再生细骨料取代率不断增加，再生细骨料混凝土抗压强度、抗拉强度、抗折强度都有不同程度的降低。当再生细骨料取代率不大于 20% 时，水灰比 0.7 的再生细骨料混凝土的抗压强度、抗拉强度、抗折强度均不低于普通骨料混凝土，说明该情况下混凝土中天然细骨料可由再生细骨料进行取代，但取代率不应超过 20%。

（3）当再生细骨料取代率不大于 20%时，再生细骨料混凝土的抗渗性能达到 P6 等级，其氯离子渗透性低，且其抗碳化性能较好，说明了再生细骨料混凝土的耐久性符合工程一般要求。

（4）当再生细骨料取代率不大于 20%时，其基本性能安全可靠，完全能够替代普通骨料混凝土。为了确保工程实践中再生细骨料混凝土的力学性能和耐久性能，不同配合比混凝土中再生细骨料的取代率应由相应的配合比试验进行确定，除进行工作性能、力学性能检验外，还应结合设计要求对其抗水渗透、抗氯离子渗透和碳化等耐久性能进行试验。

5.3　建筑垃圾微粉混凝土

目前，随着拆迁改造和大批建筑物达到使用寿命，每年都会产生大量废弃混凝土，如果利用颗粒整形技术强化骨料，必然会产生大量粉体，这些粉体的存放和处理也会产生一系列问题。

在欧洲，绝大多数废弃混凝土的回收利用仅仅采用简单破碎和骨料分级的方法，产生的粉体量很少，故这方面的研究也很少见到。日本骨料强化技术发达，强化过程产生的大量粉体，一般主要用作路基垫层或利用其残余的胶凝性代替砂浆作为陶瓷地板的找平、黏结材料。本节所述的全组分再生混凝土就是指利用建筑垃圾微粉配制再生混凝土[16-17]。

5.3.1　普通建筑垃圾微粉混凝土

为研究建筑垃圾微粉作为矿物掺合料代替水泥对混凝土用水量、强度、渗透性和碳化性能的影响，试验采用 P·Ⅱ 52.5 硅酸盐水泥作为胶凝材料；减水剂掺量为胶凝材料用量的 1.2%；考虑可泵性问题，试验通过调整用水量控制坍落度在 160～200mm。本节研究建筑垃圾微粉对混凝土用水量、强度、抗氯离子渗透性能以及碳化性能的影响。其试验配合比见表 5-16。

表 5-16　混凝土试验配合比

胶凝材料用量 （kg/m³）	水泥 （kg/m³）	建筑垃圾微粉 （kg/m³）	取代率 （%）	减水率 （%）
300	300	0	0	1.2
	270	30	10	1.2
	240	60	20	1.2
	210	90	30	1.2

续表

胶凝材料用量 （kg/m³）	水泥 （kg/m³）	建筑垃圾微粉 （kg/m³）	取代率 （%）	减水率 （%）
400	400	0	0	1.2
	360	40	10	1.2
	320	80	20	1.2
	280	120	30	1.2
500	500	0	0	1.2
	450	50	10	1.2
	400	100	20	1.2
	350	150	30	1.2

（1）用水量。试验通过调整用水量控制混凝土的坍落度，混凝土的需水量如图 5-17 所示。

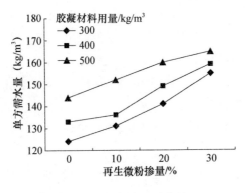

图 5-17　混凝土的需水量

再生微粉是在颗粒整形过程中骨料相互高速碰撞而产生的细小颗粒，在显微镜下可以观察到其几何形状不规则、表面粗糙、棱角较多。在水泥浆流动过程中，再生微粉增加了混凝土颗粒之间的摩擦阻力，对混凝土的工作性不利。在制作混凝土过程中发现，建筑垃圾微粉的颗粒结构疏松，在搅拌完成后仍能吸收部分水分，使混凝土浆体中的自由水减少，导致坍落度损失。其原因主要是：

① 再生微粉的颗粒结构疏松，在搅拌完成后仍能吸收部分水分和减水剂，使混凝土浆体中的自由水减少，导致坍落度损失。

② 再生微粉颗粒粗糙，增大了混凝土浆体颗粒间的摩擦阻力。

（2）强度。再生微粉混凝土与普通混凝土相比有其自身的特点，如图 5-18 所示。

再生微粉掺量在 10% 和 20% 时，在胶凝材料用量为 $300kg/m^2$ 和 $400kg/m^2$ 情况下再生微粉对混凝土强度具有促进作用；当胶凝材料用量为 $500kg/m^2$ 时，混凝土强度略有降低。再生微粉掺量为 30% 时，再生微粉混凝土强度低于普通混凝土强度。再生微粉掺量和胶凝材料用量对混凝土的强度比均有影响。再生微粉混凝土 28d 龄期的强度比

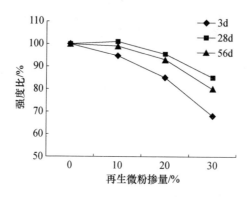

图 5-18　再生混凝土强度

高于 3d 龄期的强度比，56d 龄期的强度比又稍有下降。

　　试验采用的废弃混凝土粗骨料为花岗岩碎石，经颗粒整形后收集到的微粉颗粒中含有大量 SiO_2 成分，其中粒径较小的颗粒在碱性环境的激发下可以生成 C-S-H 凝胶体，填充水泥石中的孔隙，改善孔结构。在二次水化反应过程中，$Ca(OH)_2$ 被逐渐消耗掉，减小了混凝土中 $Ca(OH)_2$ 的含量和晶体尺寸，并减弱其晶体的取向排列，强化骨料界面过渡层，对混凝土的中后期强度发展起到积极作用；再生微粉中不具有活性的颗粒，在水泥浆中可以起到微骨料填充作用，与硬化的水泥浆体一起形成"微混凝土"，对混凝土强度的发展起积极作用；另外，再生微粉中未充分水化的水泥矿物仍具有一定的水化活性，也有利于混凝土强度的发挥。当再生微粉掺量过大时，一方面由于再生微粉粒形较差，降低了水泥浆的流变性，在相同坍落度下混凝土用水量明显增加；另一方面水泥用量也随之减少，导致混凝土强度显著下降。

　　（3）抗渗性。本试验采用美国材料试验协会提出的混凝土抗氢离子渗透性试验方法（ASTMC1202），比较再生微粉混凝土与普通混凝土的区别，如图 5-19 所示。

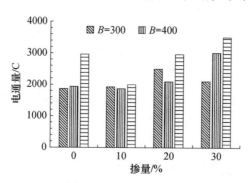

图 5-19　胶凝材料总量对混凝土电通量的影响

　　由图中可见，随看再生微粉取代率和胶凝材料用量的不同，混凝土渗透性变化显著。从中可以发现两个特点：

　　① 在胶凝材料用量不变的情况下，再生微粉取代率为 10％时，电通量达到最小，且与胶凝材料的用量关系不大；以后随着其取代率的增加，混凝土渗透性逐渐增大，并

且胶凝材料用量越少，电通量增加幅度越大。

②在取代率不变的情况下，混凝土渗透性的变化趋势是随胶凝材料用量增加而降低。

混凝土渗透性很大程度上取决于其密实性和孔结构。我们认为：一方面，再生微粉具有一定的活性；另一方面，再生微粉使混凝土需水量增加。由图5-20可知，相对于纯水泥混凝土，再生微粉取代率为10％时，混凝土水胶比明显提高，电通量却有所下降或变化不大，这表明再生微粉能够对混凝土的微观结构产生有利作用，提高了混凝土的密实性，改善了孔结构，对混凝土抵抗渗透的能力产生正面影响。再生微粉取代率为20％时对混凝土渗透性影响较小，但达到30％后会产生明显不利影响，这主要是因为水胶比有较大幅度的提高。在胶凝材料用量提高的情况下混凝土渗透性呈降低趋势，这是因为随胶凝材料用量的提高，混凝土水胶比降低，混凝土孔结构得到改善，结构变得更加密实。

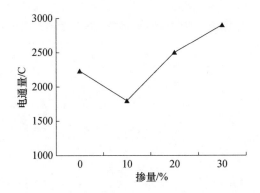

图5-20　再生微粉掺量对混凝土电通量的影响

（4）抗碳化性能。本试验按照《普通混凝土长期性能和耐久性能试验方法标准》（GB/T 50082—2009）进行。图5-21为120d碳化试验情况。

图5-21　120d碳化试验结果

试验结果表明，三种矿物掺合料的混凝土 28d 碳化深度均小于 1mm，120d 碳化深度最大不超过 2mm。这说明再生微粉、矿粉和粉煤灰混凝土都能够满足混凝土抗碳化性能的要求。而且在高效减水剂的作用下，混凝土的水胶比很低，水泥石结构密实。同时矿物掺合料参与胶凝材料的水化，改善混凝土的界面结构，提高混凝土的密实性，从而很好地提高了混凝土的抗碳化能力。

5.3.2 超细建筑垃圾微粉混凝土

因为再生微粉中含有大量硬化水泥石，它们可能会影响再生微粉的性能，所以本试验将 P·II 52.5 硅酸盐水泥放置于沸煮箱中煮沸 4h 后，将其磨细成平均粒径为 6.1μm 的超细粉，在混凝土中作为超细矿物掺合料代替水泥，以研究其对混凝土各项性能的影响，并以硅灰和超细矿粉作为对比。本试验所使用的超细再生微粉是由气流粉碎机制成的。其试验配合比见表 5-17。

表 5-17　超细建筑垃圾微粉混凝土试验配合比

胶凝材料用量（kg/m³）	水泥（kg/m³）	建筑垃圾微粉取代率（%）	粗骨料用量（kg/m³）	细骨料用量（kg/m³）	减水剂（%）
300	300	0	1222	658	1.2
	285	5	1222	658	1.2
	270	10	1222	658	1.2
	255	15	1222	658	1.2
400	300	0	1190	640	1.2
	285	5	1190	640	1.2
	270	10	1190	640	1.2
	255	15	1190	640	1.2
500	300	0	1157	623	1.2
	285	5	1157	623	1.2
	270	10	1157	623	1.2
	255	15	1157	623	1.2

（1）工作性。超细建筑垃圾微粉与建筑垃圾微粉一样，都会对混凝土的用水量产生不利影响。超细矿粉和硅灰对混凝土需水量的影响稍小（图 5-22）。在实际搅拌过程中会发现，掺有超细建筑垃圾微粉的混凝土具有较明显的触变性，一旦停止搅拌，流动性损失较快，如果再次搅拌，流动性又迅速恢复。这可能与超细建筑垃圾微粉较大的比表面积和颗粒形状有关。

混凝土需水量与超细再生微粉掺量相关性不大，这说明聚羧酸减水剂对超细再生微粉的分散良好。但在实际搅拌过程中会发现，掺有超细再生微粉的混凝土流动性损失较快，如果再次加水，流动性又能够恢复。这与超细再生微粉颗粒内部的大量孔隙有关，

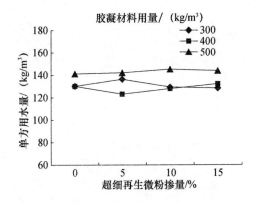

图 5-22　超细再生微粉对混凝土需水量的影响

在混凝土浆体中，这些孔隙能够吸附大量水和减水剂。

（2）强度。超细建筑垃圾微粉具有一定的活性，随着超细建筑垃圾微粉掺量的增加（0％～15％），混凝土强度略有提高（图 5-23）。其对混凝土强度的提高作用与超细矿粉大致相当。

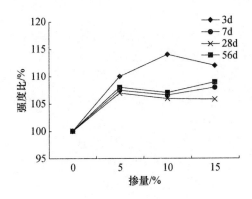

图 5-23　超细再生微粉混凝土强度

由图 5-23 可见：

（1）在超细建筑垃圾微粉不同掺量下，混凝土强度比在 3d 达到最高，之后有所下降，但幅度不大。这说明超细建筑垃圾微粉具有早强作用，并且对混凝土的后期强度发展影响不大。

（2）从混凝土强度比与超细建筑垃圾微粉的掺量之间的关系能够发现，在超细建筑垃圾微粉掺量 5％～15％的范围内，超细建筑垃圾微粉掺量与混凝土强度比之间的关系不大。

超细建筑垃圾微粉混凝土用水量与普通混凝土用水量基本相同，但强度却明显高于普通混凝土。超细建筑垃圾微粉是由再生微粉经磨细后得到，具有很高的比表面积和表面活性；另外，超细建筑垃圾微粉平均粒径为 $6.1\mu m$，具有"微填充效应"，使水泥颗粒间的空隙减少，混凝土微观结构变得密实。与再生微粉一样，超细再生微粉中也含有大量水泥石，其中的 C-S-H 凝胶颗粒具有促进水泥水化的作用。

参考文献

［1］ 王绎景，李珠，秦渊，等．再生骨料替代率对混凝土抗压强度影响的研究［J］．混凝土，2018
（12）：27-33.

［2］ ZHU L，YUANZHEN L，et al. Mix design for recycled aggregate thermal insulation concrete with
mineraladmixtures［J］．Magazine of Concrete Research，2015，66（10）：492-504.

［3］ 肖建庄，李佳彬，孙振平，等．再生混凝土的抗压强度研究［J］．同济大学学报（自然科学版），
2004（12）：1558-1561.

［4］ 张晓华，孟云芳，任杰．浅析国内外再生骨料混凝土现状及发展趋势［J］．混凝土，2013（7）：
80-83.

［5］ MCNEILK，KANG T H K. Recycled Concrete Aggregates：A Review［J］．International Journal
of Concrete Structures and Materials. 2013（1）：61-69.

［6］ 贺春鹏，付兴国，孙相博，等．混凝土用再生粗骨料性能研究［J］．混凝土与水泥制品，2019
（2）：98-100.

［7］ 孙家瑛，蒋华钦．再生粗骨料特性及对混凝土性能的影响研究［J］．新型建筑材料，2009（1）：
30-32.

［8］ 毛高峰．再生粗骨料混凝土试验研究［D］．青岛：青岛理工大学，2008.

［9］ 刘书贤，魏晓刚，王伟，等．再生粗骨料对再生混凝土性能的影响［J］．建筑结构，2014（14）：
17-20.

［10］ 崔正龙，李静．不同吸水率粗骨料对混凝土强度和干燥收缩性能的影响［J］．硅酸盐通报，
2016（8）：2396-2399.

［11］ 白文辉，王柏生．再生粗骨料混凝土梁受弯计算适用性研究［J］．建筑结构，2009，39（8）：
52-55.

［12］ PETER GRUBL，ANDREW NEALEN. Construction of an office building using concrete made
from recycled demolition material［J］．Aus Darmstadt Concrete，1998，13（6）：33-46.

［13］ ZEGACJ，DIMAIOA A. Use of recycled fine aggregate in concrete with durable requirements［J］.
Waste Management，2011，31（11）：2336-2340.

［14］ 李如雪．再生细骨料应用于混凝土的试验研究［D］．银川：宁夏大学，2009.

［15］ EVANGELISTA L，BRITOJDE. Mechanical behavior of concrete made with fine recycled concrete
aggregates［J］．Cements & Concrete Composites，2007，29（5）：397-401.

［16］ 史巍，侯景鹏．再生混凝土技术及其配合比设计方法［J］．建筑技术开发，2001，28（8）：
18-20.

［17］ 耿健，孙家瑛，莫立伟，等．再生细骨料及其混凝土的微观结构特征［J］．土木建筑与环境工
程，2013，35（2）：136-140.

第6章 再生泡沫混凝土

6.1 再生泡沫混凝土概述

6.1.1 定义、制备方法与配合比设计

1. 泡沫混凝土的定义

泡沫混凝土是按照特定配合比制备胶凝材料浆体，同时将发泡剂溶液用特定设备（如高压发泡机）制备成泡沫，再加入制备好的胶凝材料浆体中，经搅拌、浇筑、养护而成的一种轻质多孔建筑材料。这种材料广泛应用到各类建筑中，起到了良好的环保效果。泡沫混凝土的优点是轻质、保温、隔热、隔声、耐火、高流态、减震、环保、整体性好、施工简便等。

2. 再生泡沫混凝土的定义

以再生骨料部分或全部替代泡沫混凝土中的砂石，或以再生微粉部分取代水泥所制备的泡沫混凝土称为再生泡沫混凝土。再生泡沫混凝土可以利用大量的建筑固废及工业废渣，满足可持续发展的需要，此类混凝土成本较低，起到降低工程造价等作用。

目前，发泡方法有鼓气制泡、化学发泡和高速搅拌法三种。泡沫混凝土具体制备流程如图 6-1 所示。

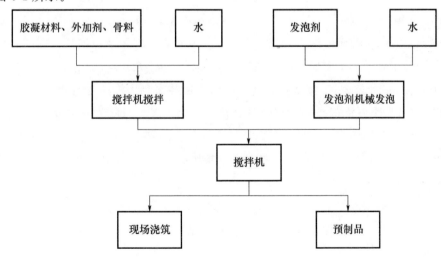

图 6-1 泡沫混凝土制备工艺流程示意图

3. 泡沫混凝土的配合比计算方法

目前，泡沫混凝土配合比设计的普遍思路是以干密度作为设计依据。1967 年，MCCORMICK 提出的固体体积法被广泛用于泡沫混凝土的配合比设计中。我国也普遍参考固体体积法，通过试验对配合比进行调整，并编制出了相应的规范。

6.1.2 发展历史与应用现状

自 1950 年苏联专家向我国推广泡沫混凝土技术，经过 60 多年的研究与应用，泡沫混凝土技术已经非常成熟。泡沫混凝土在不同的建设领域得到了广泛应用，如挡土墙、复合墙板、管线回填、混凝土填层、屋面边坡等。近五年来，我国泡沫混凝土行业步入了稳步发展阶段，年均增长率为 15%～20%，高于水、玻、陶等大宗建材。2019 年，我国泡沫混凝土总量估算在 5000 万 m³ 以上，位居全球第一。

行业内的泡沫混凝土生产和研发单位不断研究创新泡沫混凝土生产技术，以期得到性能更加优越、成本更加低廉、功能更多、更加绿色环保利废的新型泡沫混凝土材料。利用废弃物制备泡沫混凝土技术是行业内多年来持续研究的热点，粉煤灰、矿渣、硅灰、煤矸石等传统大宗固废制备泡沫混凝土已在实际生产应用中取得了良好的效果，近年来科研人员通过试验不断探索更多种类工业废渣、建筑废弃物在泡沫混凝土制备中的应用，各类新的固废被尝试用作原材料，希望能够在保持泡沫混凝土性能的前提下大量消耗固废。此外还有许多正处于研究中的创新泡沫混凝土制备技术，如再生泡沫混凝土技术等[1]。

而发泡剂是制备泡沫混凝土和再生泡沫混凝土的主要原材料，且其发泡能力和泡沫稳定性直接影响到泡沫混凝土的成本和质量。我国是在 20 世纪 50 年代初期开始使用发泡剂，至今为止应用发泡剂已有 60 多年的历史。

20 世纪 50 年代初，我国已经研制出松香皂和松香热聚物两种发泡剂，并将其用于泡沫混凝土和泡沫砂浆生产中。80 年代初，多种类的动物蛋白发泡剂与植物蛋白发泡剂被研制出来。为了改善发泡剂的发泡倍数、泌水量、沉降距及稳泡性，国内外学者对发泡剂应用技术做了大量的研究。而国外对发泡剂的应用相比于国内则起步得早且成熟得多。美国在 20 世纪 20 年代就对发泡剂有所应用并研制了泡沫混凝土，日本在 20 世纪 30 年代也开始将发泡剂投入建材市场并推广。目前美、日等发达国家的发泡剂技术已经非常成熟，其研制出的高性能蛋白质发泡剂具有高质量、高稳定性的优势。因此国外技术水平比国内成熟，其产品主要以蛋白质类发泡剂为主，具有稳定性能好、强度高、发泡倍数大等特点。

现阶段再生泡沫混凝土的发展主要有再生骨料泡沫混凝土及再生微粉泡沫混凝土两个方向。泡沫混凝土是一种含有大量封闭孔隙的新型发泡材料，具有质量轻、保温隔热性能好、隔声耐火性能好且不易燃烧等特性。但传统的泡沫混凝土材料强度较低，如何在保持轻质的前提下提高泡沫混凝土的强度是研究的重要方向。近年来，建筑垃圾的再生利用越来越得到重视，有研究将建筑废弃物再生材料用于泡沫混凝土的制备，节省资源的同时，也改善了泡沫混凝土的性能。再生微粉的活性在很多文献中也得到相关的报告，部分学者的研究得知再生微粉中不仅含有已硬化的胶凝产物，还存在着未水化的胶凝颗粒和较大比例的具有潜在活性的 $SiO_2^{[2]}$。刘栋等对再生微粉活性的激发进行了探索，结果表明，引入碱性激发剂能够有效激发再生微粉的潜在活性，使 28d 水泥胶砂强度有较大程度提高。上述可以说明再生微粉存在一定的活性，能够作为辅助胶凝材料代替部分水泥。用再生微粉及粉煤灰代替部分水泥制备泡沫混凝土，当 M（水泥）：M（再生微粉）：M（粉煤灰）＝70：15：15 时，制得的泡沫混凝土抗压强度为 4.7MPa。

6.1.3　组成材料

泡沫混凝土的组成材料包括发泡剂、胶凝材料、水、外加剂、骨料、聚合物或纤维等。各组成材料的性能、掺量都会对泡沫混凝土的性能产生影响。

1. 发泡剂

目前，发泡剂主要有四种：松香树脂类、合成表面活性剂类、蛋白质类和复合类。表 6-1 比较了几种常见发泡剂的性能。发泡倍数高、泌水量低、沉降距小的发泡剂性能较好，能够制备出性能较好的泡沫混凝土[3-4]。

表 6-1　常见发泡剂的性能

发泡剂品种	松香皂	十二烷基苯磺酸钠	动物毛发	脂肪酸聚氧乙烯醚硫酸钠＋α烯烃磺酸钠
发泡倍数	27～28	27～32	20～22	38.8
1h 泌水量（mL）	110～120	140～150	40～60	45
1h 沉降距（mm）	29～34	38～50	5～8	1
pH 值	7～9	7～8	7～8	—

泡沫质量对泡沫混凝土的稳定性、强度和刚度有较大影响，而发泡剂是制备泡沫混凝土的关键性材料。因此，发泡剂质量的好坏直接影响泡沫混凝土的性能。王鑫[5]研究了动植物发泡剂在相同表观密度等级下对泡沫混凝土抗压强度和导热系数的影响，结果表明植物蛋白发泡剂制备的泡沫混凝土 28d 强度更高；KUZIELOVA[6]通过不同体积的泡沫和固定水胶比（0.55），对比不同浓度与微波、超声波处理过的发泡剂产生的作用，结果表明微波和超声波处理过的发泡剂更稳定，而低浓度的发泡剂具有较低的孔径和较高的抗压强度。

能产生孔径小、形状圆且大小均匀泡沫的发泡剂较好，复合发泡剂较普通发泡剂能更好地满足这一要求。马平[7]将十二烷基硫酸钠（SDS）与动物蛋白复配后，发泡性能显著提高，在掺量 0.3％时，发泡倍数达到 106.38 倍，较空白样提高了 41％。SIVA[8]研究出了一种可再生和天然可用的皂荚水果作为原材料的绿色发泡剂。由此可见，发泡剂的种类、掺量、性能好坏对泡沫混凝土的内部孔隙和力学性能有较大影响，复合型发泡剂体现出了更好的性能。因此，研制性能稳定、绿色环保的复合发泡剂将成为一种趋势。

2. 水胶比

水胶比是泡沫混凝土配合比设计中的重要技术参数，NAMEIAR[9]等通过试验得出，混合过程中，低含水量会导致混合物过于僵硬，气泡破裂，从而使密度增加，当水胶比较高（在稠度和稳定性极限内）时，随着水胶比的增加，泡沫混凝土的强度增大，这与普通凝土或砂浆的趋势相反。蔡娜[10]在制备超轻泡沫混凝土（300kg/m³）时，发现水胶比在0.48~0.56范围内波动时，随着水胶比的增大，泡沫混凝土的表观密度及抗压强度均呈下降趋势，并得出最佳水胶比为0.54。王鑫[5]通过试验研究得出，选用植物发泡剂时（用量为水泥用量的10.5%），泡沫混凝土的成型水胶比在0.5~0.65之间，选用动物发泡剂时（掺量为水泥用量的30%），成型水胶比范围为0.15~0.25。

3. 外加剂

制备泡沫混凝土过程中，如果只有胶凝材料和泡沫，得到的泡沫混凝土往往存在和易性差、易塌模等问题，而加入合适的外加剂可以有效解决这些问题。目前，主要用于混凝土改性的外加剂有减水剂、促凝剂、早强剂、稳泡剂等。

减水剂可以显著改善泡沫混凝土的和易性和稳定性。牛云辉[11]等发现聚羧酸减水剂可以减小胶凝材料颗粒间的剪切应力，从而提高泡沫混凝土的流动性。早强剂和促凝剂能促进泡沫混凝土的凝结，减少塌模的发生率。吴亚飞[12]通过掺入三种早强剂（氯化钙、硫酸钠及碳酸钠），研究其对轻质泡沫混凝土早期强度的影响，结果显示三种早强剂均可提高泡沫混凝土的抗压强度和弹性模量，但对试件养护后期的强度影响不大；硫酸钠早强剂的效果最好。何立粮[13]在制备密度为250kg/m³的泡沫混凝土时，发现加入三乙醇胺可以降低其密度，但也降低了抗压强度，当三乙醇胺掺量为0.04%时，抗压强度最大，原因是该掺量的三乙醇胺可以降低浆体的稠度，使浆体更均匀。

此外，加入膨胀剂可以有效提高泡沫混凝土的施工性能，减少塌模现象，但膨胀剂掺量过多会导致抗压强度降低[14]。憎水剂如改性硬脂酸盐憎水剂对泡沫混凝土的吸水率有明显影响；掺入稳泡剂可以提高泡沫的稳定性，使孔隙分布更均匀，从而提高泡沫混凝土的力学性能。

综上所述，合理选择外加剂可以有效改善泡沫混凝土的性能，但应考虑其与泡沫混凝土的相容性，且外加剂用量应与混凝土配合比相匹配，以充分发挥外加剂的改性作用。

4. 聚合物和纤维

加入适量的聚合物或纤维可以使泡沫混凝土的性能得到改善。纤维在混凝土中呈三维乱向分布，起到了桥接作用，在一定程度上提高了混凝土的抗拉、抗折强度和抗干缩性能。众多学者采用聚合物或纤维对泡沫混凝土进行增强和改性，以克服其易干缩、易开裂的缺点。

赵春新[15]等将聚乙烯醇加入泡沫混凝土中，发现其密度降至 150kg/m³ 以下，收缩降低，抗压、抗折强度增大。SAYADI 等[16]研究发泡聚苯乙烯（EPS）颗粒对泡沫混凝土（800kg/m³）性能的影响，结果表明 EPS 骨料的疏水性质导致基质接触区的强度和界面黏结强度几乎为 0，增加 EPS 的体积会显著降低泡沫混凝土的导热系数、耐火性和抗压强度。嵇鹰等[17]以碱激发矿渣为主要胶凝组分制备了矿渣聚合物泡沫混凝土，研究发现掺加粉煤灰进行孔结构优化，可使其抗压强度增加 103%。GUNAWAN[18]在轻质泡沫混凝土中添加 Galvalum 纤维，结果表明表观密度小于 1900kg/m³ 的泡沫混凝土抗压强度、抗拉强度、弹性模量分别提高了 34.09%、47.37%、25.81%，可直接作为结构构件使用。

6.1.4　泡沫混凝土的性能

泡沫混凝土自重轻、保温隔热、隔声等优异的性能取决于其内部的孔隙数量。表 6-2 比较了泡沫混凝土与普通混凝土部分性能。从表 6-2 可以看出，与普通混凝土相比，泡沫混凝土的物理、力学性能和功能特性均具有一定的优异性。

表 6-2　泡沫混凝土与普通混凝土部分性能比较

性能指标	干密度 （kg/m³）	抗压强度 （MPa）	导热系数 ［W/（m·K）］	弹性模量 （kN/mm²）	成本 （元/m³）
泡沫混凝土	300～1800	0.2～30	0.05～0.46	1.0～8.0	80～120
普通混凝土	2500	10～100	1.11～1.5	17.5～36	360

1. 物理性能

（1）低密度：泡沫混凝土的主要组成材料为发泡剂、水泥，必要时还会加入轻骨料。由于泡沫的存在，其内部含有大量孔隙，因此，泡沫混凝土具有低密度（300～1800 kg/m³）的特点。

（2）干燥收缩：泡沫混凝土水泥用量大，且缺少粗骨料，因此，其收缩值大约是普通混凝土的 10 倍，容易出现开裂现象；加入轻骨料、砂、减缩剂、纤维等均可以降低泡沫混凝土的收缩率。

2. 力学性能

（1）抗压强度：泡沫混凝土内部孔隙多、密度低，抗压强度也较低。密度为 300～1800 kg/m³ 时，28d 抗压强度在 0.2～30MPa 之间波动，且密度越低，抗压强度越低。因此，在保证低密度的同时，提高泡沫混凝土的抗压强度是一个技术难点。改善水胶比、孔结构均有利于提高泡沫混凝土的抗压强度。

（2）抗折强度和劈裂抗拉强度：泡沫混凝土的抗折与抗压强度比一般在 0.25～0.35 之间，其劈裂抗拉强度低于抗折强度，提高抗折强度和劈裂抗拉强度可以提高泡沫混凝土的抗裂能力。研究表明，加入纤维可以改善泡沫混凝土的抗折强度和劈裂抗拉强度[19]。

3. 功能特性

(1) 导热性：导热系数可以反映出泡沫混凝土保温隔热性能的优劣。泡沫混凝土的导热系数在 0.05～0.46W/（m·K）之间，而普通混凝土的导热系数高达 1.11～1.5W/（m·K）。泡沫混凝土的保温性能是普通保温墙体的 3 倍，是烧结砖墙体的 6 倍。

(2) 吸声性：使用特殊发泡剂可以制成内部有大量连通孔的泡沫混凝土。当声波在含有大量连通孔的泡沫混凝土中传播时，气泡孔壁会因空气密度变化而产生摩擦振动，声波振动的机械能转化为材料内能，声音大幅衰减[20-22]。泡沫混凝土是一种新型强吸声材料，平均吸声系数在 0.8～1.4 之间，可达到一级或二级标准。

(3) 耐火性：市场上普遍使用聚苯乙烯泡沫（EPS、XPS）、聚氨酯硬沮体（PU）等有机保温材料，虽然具备质轻、保温效果好等优点，但存在易燃、易老化、耐久性差等缺点，而泡沫混凝土是无机材料，耐火极限大于 2h，燃烧时不会产生有害物质，且耐久性比上述几种有机保温材料好。

6.2 再生泡沫混凝土性能研究

6.2.1 再生骨料泡沫混凝土

1. 再生骨料泡沫混凝土配合比设计研究

广州大学通过正交试验研究硅酸盐水泥掺量、建筑废弃物再生骨料掺量、水灰比三个因素对建筑废弃物再生骨料泡沫混凝土强度的影响，见表 6-3。结果表明，影响建筑废弃骨料泡沫混凝土 28d 无侧限抗压强度的主次顺序为建筑废弃物再生骨料掺量＞硅酸盐水泥掺量＞水灰比，最佳配合比为水泥 405kg/m³，再生骨料 607.5kg/m³，水 243kg/m³，聚羧酸高效减水剂 1.22kg/m³，其 28d 无侧限抗压强度为 4.85MPa，流动度为 170mm，性能符合《气泡混合轻质土填筑工程技术规程》（CJJ/T 177—2012）的要求，见表 6-4。

表 6-3 广州大学正交试验因素水平

水平	因素		
	水泥用量（kg/m³）	砂灰比（B）	水灰比（C）
1	385	1.3	0.75
2	395	1.5	0.80
3	405	1.7	0.85

表 6-4 广州大学正交试验结果与分析

编号	A	B	C	28d 无侧限抗压强度（MPa）
1 号	1	1	1	2.26
2 号	1	2	2	2.76
3 号	1	3	3	2.09
4 号	2	1	2	2.08
5 号	2	2	3	2.76
6 号	2	3	1	2.52
7 号	3	1	3	2.40
8 号	3	2	1	2.88
9 号	3	3	2	3.17
K_1	2.37	2.24	2.55	
K_2	2.45	2.80	2.67	
K_3	2.82	2.59	2.42	
K_4	0.45	0.56	0.25	

广州大学再生骨料泡沫混凝土试件制作步骤：①泡沫的制备：利用空气压力方法进行发泡，其发出的泡沫更细密，强度更高。②试块的制备：利用砂浆搅拌机，先加硅酸盐水泥和减水剂等外掺剂进行干搅拌 30s；加建筑废弃物再生骨料搅拌 30s；在搅拌过程中加水搅拌 2min；加入已经制备好的泡沫搅拌 1min；把已经搅拌的浆料一部分进行流动度测试，另一部分灌入试模，待其养护 24～48h 后使用空气压缩机脱模，脱模后的试件进行标准养护到规定的龄期，再进行相关试验。

2. 实验结果分析

（1）正交试验极差分析。由表 6-4 可以看出：

① 9 号试样的 28d 无侧限抗压强度最高，为 3.17MPa，其试件组合为 A3B3C2。

② 各因素对再生骨料泡沫混凝土 28d 无侧限抗压强度的影响顺序为砂灰比＞水泥用量＞水灰比，强度最好组合是 A3B2C2。

（2）正交试验影响因素分析。由表 6-4 可以看出：

① 在水和水泥用量不变的条件下，再生骨料用量为硅酸盐水泥的 1.3～1.5 倍时，试样的无侧限抗压强度随着再生骨料的增大而增大，但是砂灰比为 1.5～1.7 时，其无侧限抗压强度却逐渐降低。出现此现象的原因：一是硅酸盐水泥的掺量不足，使部分再生骨料没有更好地胶凝成骨架密实型，强度降低；二是泡沫液膜受到的挤压作用力变大，挤压排液速度加快，泡沫提前破裂，形成连通的大孔隙，导致试件塌模，强度降低。

② 由于水泥是胶凝材料，在再生骨料泡沫混凝土中充当固化剂作用。水泥掺量在 385～405kg/m³ 变化时 28d 无侧限抗压强度随着水泥掺量的增加而增大。

③ 水灰比在 0.75～0.80 时，其无侧限抗压强度随着水灰比加大而增大。由于再生

骨料表面有水泥砂浆，使泡沫混凝土需水量比原生料要多，再生骨料吸收一部分水的同时也需要提供足够的水化反应所需的用水量，所以用水量越多，试验龄期时水泥水化反应越充分，再生骨料泡沫混凝土内部结构更密实，强度就越高。

当水灰比在 0.80～0.85 时，其无侧限抗压强度随着水灰比加大反而减少。原因有二：其一，加水过多，由于重力的作用，使再生骨料中的粒径较大颗粒在下面，较小的在上面，出现分层和泌水的现象；其二，加水过多，导致气泡液膜越来越厚，在气泡液膜重力排液作用下，气泡提前破灭或形成多个连通气孔，使强度降低。

3. 再生泡沫混凝土吸水率及干缩特性研究

青岛民族大学将废旧混凝土破碎、筛分成为粒径小于 2.36mm 的再生细骨料制备泡沫混凝土，通过单因素试验探究水灰比、减水剂掺量及聚丙烯纤维掺量对其吸水率与干缩特性的影响规律。结果表明，再生泡沫混凝土的吸水率随水灰比的增大而增大，随减水剂掺量的增大而显著减小，水灰比 0.76 与减水剂掺量 0.3％对应的吸水率最小，纤维掺量并不显著影响吸水率特性；再生泡沫混凝土的干缩值随减水剂掺量、纤维掺量的增大而显著减小，减水剂掺量 0.2％与纤维掺量 0.2％对应的干缩值最小，水灰比并不显著影响干缩特性[23-24]。

青岛民族大学分别采用 0.76、0.78、0.80、0.82 的水灰比和 0、0.1％、0.2％、0.3％、0.4％的减水剂掺量及 0、0.1％、0.2％、0.3％的聚丙烯纤维掺量制备再生泡沫混凝土，通过单因素试验探究各因素对泡沫混凝土吸水率与干缩值的影响规律，具体配合比见表 6-5，试验结果见图 6-2～图 6-7。

表 6-5 青岛民族大学试验用再生泡沫混凝土配合比

编号	水灰比	减水剂	纤维	水泥	再生细骨料	水	泡沫（L/m³）
1-1	0.76	—	—	405	607.5	307.8	325.2
1-2	0.78	—	—	405	607.5	315.9	317.1
1-3	0.80	—	—	405	607.5	324.0	309.0
1-4	0.82	—	—	405	607.5	332.1	301.0
2-1	0.8	0 (0)	—	405	607.5	324.0	309.0
2-2	0.62	0.41 (0.1％)	—	405	607.5	251.1	382.0
2-3	0.60	0.81 (0.2％)	—	405	607.5	243.0	390.0
2-4	0.58	1.22 (0.3％)	—	405	607.5	234.9	398.7
2-5	0.56	1.78 (0.4％)	—	405	607.5	226.8	406.0
3-1	0.8	—	0 (0)	405	607.5	324.0	309.0
3-2	0.8	—	1.3 (0.1％)	405	607.5	324.0	309.0
3-3	0.8	—	2.6 (0.2％)	405	607.5	324.0	309.0
3-4	0.8	—	3.9 (0.3％)	405	607.5	324.0	309.0

（1）水灰比对吸水率与干缩率的影响。不同水灰比试验结果见图 6-2 和图 6-3。从

图 6-2 可知，再生泡沫混凝土的吸水率总体上随水灰比的增大而增大，水灰比为 0.76 时吸水率最小。其原因为当水灰比较大时，水泥浆体较稀，硬化后形成了较多的毛细孔隙，连通的泌水通道多导致吸水率增大。另外，大水灰比试件的不稳定气泡也增多，同样增大其吸水率。

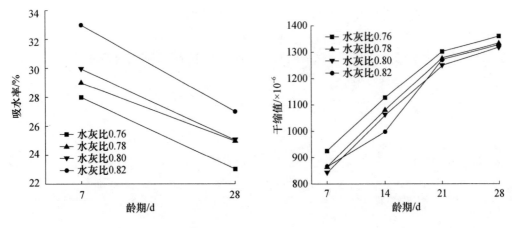

图 6-2　水灰比对吸水率的影响　　　　　图 6-3　水灰比对干缩值的影响

从图 6-3 可知，再生泡沫混凝土的干缩值总体上随水灰比的增大而减小，但 28d 干缩值差异不大，其中，水灰比为 0.80 时，28d 干缩值最小，为 1318.5×10^{-6}。其原因为当水灰比较大时，水泥水化反应充分，浆体强度较高，消泡现象也不易发生，形成更为密实的结构能够抵抗一部分干燥收缩应力。

（2）减水剂掺量对吸水率与干缩率的影响。不同减水剂掺量试验结果见图 6-4 和图 6-5。从图 6-4 可知，再生泡沫混凝土的吸水率随减水剂掺量的增大而显著减小，最佳掺量为 0.3%，此时吸水率最小，与未掺减水剂相比，7d 吸水率减小 13.3%，28d 吸水率减小 12%。其最重要的原因为：减水剂的加入大幅减少了用水量，水分蒸发减少使得毛细泌水孔隙少；其次，增加了胶浆的黏聚力，增强了泡沫稳定性，不稳定气泡减少；另外，试件硬化成型时间缩短，减少消泡现象发生[25-26]。

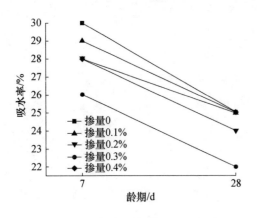
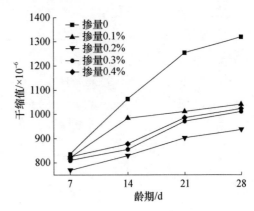

图 6-4　减水剂掺量对吸水率的影响　　　　　图 6-5　减水剂掺量对干缩值的影响

　　从图 6-5 可知，再生泡沫混凝土的干缩值随减水剂掺量的增大而显著减小，掺量 0.1％的 28d 干缩值已比未掺减水剂时减小 28％，最佳掺量为 0.2％，此时各龄期干缩值均最小。其原因同样为减水剂的掺加使用水量大幅减小，同时增加胶浆的黏聚力，故干缩变形小。

　　（3）纤维掺量对吸水率与干缩率的影响。纤维掺量试验结果见图 6-6 和图 6-7。从图 6-6 可知，再生泡沫混凝土的吸水率随纤维掺量的增大而减小，但 28d 吸水率差异不大，24％的吸水率已为最小值。这表明纤维的加入并不显著影响吸水率特性。

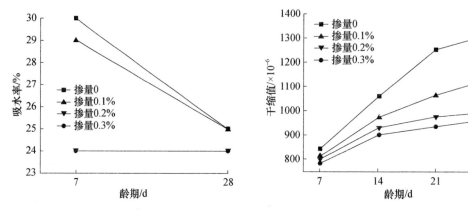

图 6-6　纤维掺量对吸水率的影响　　　　　图 6-7　纤维掺量对干缩值的影响

　　从图 6-7 可知，再生泡沫混凝土的干缩值随纤维掺量的增大而显著减小，掺量 0.1％的 28d 干缩值已比未掺纤维时减小了 19％。其原因为混合于水泥胶浆中的纤维丝可形成网状结构，限制其干缩体积变形。需要注意的是，纤维的加入使得胶浆变稠，影响工作性，为满足泡沫混凝土（180±20）mm 的流动度要求，0.2％的掺量较为合理。

6.2.2　再生微粉泡沫混凝土

　　昆明理工大学利用超微气流粉碎机制备的再生微粉部分取代水泥制备泡沫混凝土，创新性地将再生微粉的化学胶凝性和粉体粒径可控导致的物理增强效应结合起来实现泡沫混凝土强度的提高和成本的降低。经过优化试验确定泡沫的体积掺量为 75％，超微气流粉碎机制备的再生微粉粒径分布在 $10\sim60\mu m$ 之间。

　　研究结果表明，再生微粉替代水泥有利于泡沫混凝土后期强度的提高。当再生微粉的掺入量为 10％时，泡沫混凝土 28d 抗压强度增强效果最优，其抗压强度达到 3.09MPa，相比纯泡沫混凝土提高了 11.6％。通过进一步研究，所制备的复合泡沫混凝土强度变化原因在于，超微气流制备的再生微粉粒径主要集中在 $26\mu m$ 左右，$32\mu m$ 以下的颗粒累积分布达到 85％，而水泥中 $3\sim32\mu m$ 颗粒含量对水泥的 28d 强度起关键作用，此粒度再生微粉的掺入调节了体系的颗粒级配比，使得体系粒度分布于 $26\mu m$ 左右的比率有所提高，优化了泡沫混凝土的骨架部分填充效果，从而提高了其抗压性能。

1. 泡沫混凝土制备

昆明理工大学使用超微气流粉碎机（JZL-100）对取自昆明市建筑废弃物综合利用示范项目基地的再生混凝土细骨料进行均匀化粉磨，得到粒度为 $10\sim60\mu m$ 的再生微粉颗粒。采用预制泡沫的方法制备泡沫混凝土工艺为：先将水泥（水泥和再生微粉混合物）进行干拌 2min，然后加水搅拌 3min 后待用，其中再生微粉的质量掺量见表 6-6。用机械式高速搅拌机搅拌与水质量比为 1：50 进行稀释的发泡剂制成泡沫。将制好的泡沫以与浆料按表 6-6 所示的体积比加到浆料中，再搅拌 3min，最后将泡沫混凝土浇注 100mm×100mm×100mm 的三联立方体试模中，用抹泥刀刮平表面。试件静置于实验室中 24h，然后脱模并送入标准养护箱养护至规定龄期[27-29]。

表 6-6　昆明理工大学试验方案与配比

因素	比率				
	1	2	3	4	5
泡沫含量	25％	50％	75％	100％	125％
再生微粉含量	5％	10％	15％	20％	25％

2. 结果与分析

（1）泡沫体积掺入量对抗压强度的影响。图 6-8 是抗压强度随泡沫掺量的影响曲线。从图中可以看出：①当泡沫体积掺量为 25％时，3d 抗压强度为 3.17MPa，28d 抗压强度则达到 7.21MPa，28d 抗压强度相比 3d 提高了 127.4％；当泡沫体积掺量为 75％时，3d 抗压强度为 1.56MPa，28d 抗压强度达到 2.77MPa，28d 抗压强度相比 3d 提高了 77.6％；而当泡沫体积掺量为 125％时，28d 抗压强度仅为 1.48MPa。可以看出，随着泡沫的体积掺量的增加，抗压强度呈下降趋势，且掺量小于 100％ 时，下降趋势比较明显；泡沫体积掺量由 100％增加到 125％时，28d 抗压强度下降趋势逐渐平缓；②随着养护时间的延长，各种泡沫体积掺量的抗压强度均有不同程度提高，且泡沫体积掺入量越小时，其抗压强度增幅越明显。

（2）再生微粉掺量对抗压强度的影响。以下选用上述泡沫体积掺入量为 75％ 的试验参数，进一步研究再生微粉掺量对泡沫混凝土抗压强度的影响。图 6-9 为再生微粉掺量对抗压强度的影响曲线。可以看出：①当泡沫体积掺入量为 75％时，未掺加再生微粉的泡沫混凝土的抗压强度都相对较高，再生微粉掺入后，各试样的早期抗压强度较未掺加再生微粉的试样均有不同程度的下降。从图中曲线基本可以看出，随着再生微粉掺量的增加，其早期抗压强度逐渐降低。②有再生微粉掺入的试样，其 28d 抗压强度曲线反应的现象与早期的有所不同。再生微粉掺量为 5％、10％时，都较未掺加的试样有所提高，且再生微粉掺量为 10％时，提高程度最大，此时抗压强度为 3.09MPa；当再生微粉掺量大于 10％时，其泡沫混凝土 28d 抗压强度会呈线性下降，当再生微粉掺量为 25％时，28d 的抗压强度仅为 1.26MPa。由此可见，再生微粉的掺入会降低泡沫混凝土的早期抗压强度；但适当地掺入再生微粉，能够一定程度上提高泡沫混凝土的抗压强度[30-32]。

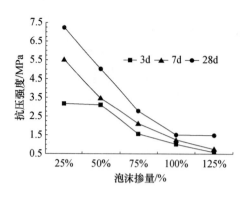

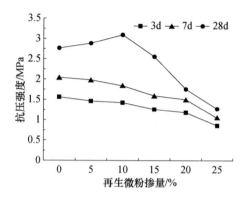

图 6-8　抗压强度随泡沫掺量的影响　　　　图 6-9　抗压强度随再生微粉掺量的影响

许多学者[33]研究过水泥颗粒级配与水泥性能的关系，普遍认为：水泥颗粒在 $1\mu m$ 以下对水泥性能几乎没有贡献；$1\sim3\mu m$ 颗粒含量高，水泥需水量急剧增加，水泥水化很快，必须加强养护频次，否则会出现水泥水化放热集中，从而产生大量微裂缝；$3\sim32\mu m$ 颗粒含量对水泥的 28d 强度起关键作用，此范围内颗粒含量越高水泥性能越好。$32\sim65\mu m$ 的水泥颗粒含量对强度也有部分贡献，$65\mu m$ 以上的颗粒基本上只起骨架作用。本试验使用具有一定水化性能的再生微粉取代部分水泥，再生微粉与水泥的粒度微分分布如图 6-10 所示，采用超微气流粉碎机粉磨、整型的再生微粉颗粒基本集中在 $28\mu m$ 左右，粒度分布基本在 $10\sim60\mu m$ 之间；水泥颗粒基本集中在 $26\mu m$ 左右，粒度分布基本在 $1\sim70\mu m$ 之间，说明通过超微气流粉碎机研磨的再生微粉，在粒度上基本与水泥相似。再就分布范围而言，从图中很明显地看出，水泥的颗粒分布范围更广，且涵盖再生微粉的粒度分布区间，这也是再生微粉能够取代部分水泥的一个前提条件。

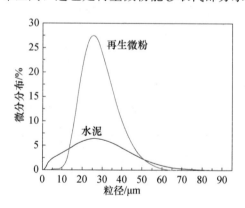

图 6-10　再生微粉与水泥的粒度微分分布图

就集中程度而言，再生微粉的集中程度更高，$26\mu m$ 的微分分布达到 28%，而水泥的 $28\mu m$ 的微分分布仅为 7% 左右，这也为再生微粉取代水泥提供了参考，此批次再生微粉的掺入能够调节整个体系的颗粒分布集中于 $26\mu m$。从堆积理论上讲，再生微粉能够取代颗粒大于 $10\mu m$ 的水泥，加上再生微粉未水化的部分，能够与水泥之间较好地结合；反观水泥粒度在 $1\sim10\mu m$ 的部分，再生微粉的颗粒比较大，在 $1\sim10\mu m$ 范围内的部分几乎没有，此区间内的水泥颗粒，通过添加再生微粉的量只会使整个体系中 $1\sim10\mu m$ 范围内颗粒的比例降低[34-36]。

参考文献

［1］刘警，孙振平，蒋正武，等．泡沫混凝土的研究和应用进展［J］．混凝土世界，2011：54-59.

［2］MCCORMICK F C. Rational propotioning of preformed foamcellular concrete［J］. ACI Structural Joumnal，1967，64（2）：104-109.

［3］中华人民共和国住房和城乡建设部．泡沫混凝土：JG/T 266—2011［S］．北京：中国标准出版社，2011.

［4］张巨松，王才智，黄灵玺，等．泡沫混凝土［M］．哈尔滨：哈尔滨工业大学出版社，2016.

［5］王鑫．泡沫混凝土的制备及其性能研究［D］．哈尔滨：哈尔滨工业大学，2012.

［6］KUZIELOVAE，PACH LPALOU M. Effect of activated foaming agent on the foam concrete properties［J］. Construction and Building Materials. 2016，125：998-1004.

［7］马平．泡沫混凝土发泡剂性能研究［D］．西安：西安建筑科技大学，2016.

［8］SIVAM，RAMAMURTHYK，DHAMODHARANR. Development of a green foaming agent and its performance evaluation［J］. Cement and Concrete Composites. 2017，80：245-257.

［9］NAMBIAR E K，RAMAMURTHY K. Models relating mixture composition to the density and strength of foam concrete using responsesurface methodology［J］. Cement and Concrete Composites，2006，28（9）：752-760.

［10］蔡娜．超轻泡沫混凝土保温材料的试验研究［D］．重庆：重庆大学，2009.

［11］牛云辉，卢忠远，严云，等．外加剂对泡沫混凝土性能的影响［J］．混凝土与水泥制品，2011：9-13.

［12］吴亚飞，刘德仁．早强剂对轻质复合发泡泡沫混凝土早期性能形成影响的试验研究［J］．硅酸盐通报，2016，35（10）：3351-3356.

［13］何立粮，杨立荣，张宝强．水灰比和外加剂对泡沫混凝土性能的影响［J］．混凝土与水泥制品，2015（10）：71-73.

［14］李恒志，潘志华．低密度泡沫混凝土耐水性能改善的研究［J］．混凝土，2014，296（6）：88-91.

［15］赵春新．聚合物改性水泥基泡沫混凝土的试验研究［D］．重庆：重庆大学，2012.

［16］SAYADI A. TAPIA J. NEITZERT T. Effects of expanded polystyrene（EPS）particles on fire resistance，thermal conductivity and compressive strength of foarmed concrete［J］. Construction and Building Materials. 2016，112：716-724.

［17］嵇鹰，武艳文，杨康，等．矿渣基轻质泡沫混凝土的增强研究［J］．硅酸盐通报，2018，37（6）：1861-1867.

［18］GUNAWAN P，SETIONO. Foamed Lightweight Concrete Tech Using Galvalum Az 150 Fiber［J］. Procedia Engineering，2014，95：433-441.

［19］唐虹．泡沫混凝土在现代建筑中的应用［J］．贵州工业大学学报（自然科学版），2005，34

（3）：115-117.

[20] 张磊，杨鼎宜．轻质泡沫混凝土的研究及应用现状 [J]．混凝土，2005（8）：44-48.

[21] 任先艳，张玉荣，刘才林，等．泡沫混凝土的研究现状与展望 [J]．混凝土，2011（02）：139-141+144.

[22] 闫振甲．泡沫混凝土发展状况与发展趋势 [J]．墙材革新与建筑节能，2011（06）：19-23.

[23] 蒋俊．超轻泡沫混凝土制备及性能研究 [D]．绵阳：西南科技大学，2015.

[24] 梁福兵，丁益．防火型外墙保温材料的研究进展 [J]．中国科技纵横，2011（8）：323-325.

[25] DONDI M, CAPPELLETTI P, DAMORE M, et al. Lightweight aggregates from waste materials：reappraisal of expansion behavior and prediction schemes for bloating [J]. Construction&Building Materials，2016，127：394-409.

[26] KUZIELOVÁ E，PACH L，PALOU M. Effect of activated foaming agent on the foam concrete properties [J]. Construction&Building Materials，2016，125：998-1004.

[27] 李元君．再生微粉制备泡沫混凝土的试验研究 [D]．包头：内蒙古科技大学，2015.

[28] LIU Q, TONG T, LIU S, et al. Investigation of using hybrid recycled powder from demolished concrete solids and clay bricks as a pozzolanic supplement for cement [J]. Construction&Building Materials，2014，73：754-763.

[29] 刘香，运喜刚，张君瑞，等．再生微粉制备泡沫混凝土的试验研究 [J]．新型建筑材料，2016，43（3）：77-80.

[30] 孙岩，郭远臣，孙可伟，等．再生微粉制备辅助胶凝材料试验研究 [J]．低温建筑技术，2011，33（4）：8-10.

[31] 刘栋，张鹏宇，刘彤，等．建筑垃圾中再生微粉材性表征及潜在活性的激发 [J]．硅酸盐通报，2016，35（8）：2635-2641.

[32] 余小小，李如燕，董祥，等．机械力粉磨对再生微粉性能的影响 [J]．人工晶体学报，2017，46（4）：688-692.

[33] KWAN A K H，LI Y. Effects of fly ash microsphere on rheology, adhesiveness and strength of mortar [J]. Construction&Building Materials，2013，42（5）：137-145.

[34] 李新福，方仁玉．应用激光粒度分析仪控制水泥颗粒级配提高水泥质量 [C] //中国水泥技术年会暨第十一届全国水泥技术交流大会论文集，2009.

[35] 汪洋，徐玲玲．水泥粒度分布对水泥性能影响的研究进展 [J]．材料导报，2010，24（23）：68-71.

[36] 周惠群，熊家国，吴红．粒度分布对复合水泥物理性能影响的研究 [J]．武汉理工大学学报，2007，29（8）：47-49.

第7章 再生自密实混凝土

混凝土的发展经历了由流动性混凝土到干硬性混凝土，再到流动性混凝土、大流动性混凝土的历程，这是由生产和施工实践需要决定的，而混凝土技术的发展反过来又促进了生产和施工的发展。现场浇筑混凝土一直是一项繁重的体力劳动，泵送混凝土的问世是混凝土施工上的一次革新，在能更好保证混凝土质量的同时，大大减轻了生产和施工的劳动强度。自密实混凝土的出现，又带来了一次深刻的变革，混凝土结构或构件的成型真正实现了"浇注"成型。

7.1 自密实混凝土的定义与性能

7.1.1 定义

自密实混凝土（self compacting concrete，SCC）就是依靠自重密实成型的混凝土。按照《自密实混凝土应用技术规程》（JGJ/T 283—2012）[1]的规定，自密实混凝土定义为"具有高流动性、均匀性和稳定性，浇筑时无须外力振捣，能够在自重作用下流动并充满模板空间的混凝土"。适用于现场浇筑和预制构件生产，尤其适用于浇筑量大，振捣困难的结构以及对施工进度、噪声有特殊要求的工程[1]。

20世纪80年代后半期，日本东京大学教授冈村甫开发了"不振捣的高耐久性混凝土"，称之为高性能混凝土（high performance concrete），受到西方国家的非议。1996年冈村在美国泰克萨斯大学讲学，并在1997年的《混凝土国际》（Concrete International）发表了论文，称该混凝土为自密实高性能混凝土（self compacting concrete），之所以称为高性能是因为具有很高的施工性能，能保证混凝土在不利的浇筑条件下也能密实成型，同时因使用大量矿物掺合料而降低混凝土的温升，提高其抗劣化的能力，提高混凝土的耐久性。在国内外前期发表的论文、专利中，这种混凝土还有许多其他名称，如高流动混凝土（high flowing、high fluidity）、高施工性混凝土（high workability）、自流平混凝土（self-leveling）、自填充混凝土（self-filling）、免振捣混凝土（vibration free）等。

我国第一次成功开发自密实混凝土的是城建集团构件厂搅拌站，并于1995年成功应用于北京恒基大厦暗挖的地下通道，解决了地下暗挖施工中混凝土浇筑困难和无法振捣的问题。1996年北京二建公司又和清华大学合作进一步研究，开发了一种抗拌合物离析的高效减水剂和综合检测自密实混凝土工作性能的 L 型仪，成功用于北京凯旋大厦[2]。

国内有关自密实混凝土的标准主要有《自密实混凝土应用技术规程》（JGJ/T 283—2012）、《自密实混凝土应用技术规程》（CECS 203—2006）、《自密实混凝土设计与施工指南》（CCES 02—2004）等。

7.1.2　性能

自密实混凝土是一种以高施工性为突出特点的新型高性能混凝土，又称自流平混凝土（self leveling concrete）或免振捣混凝土（vibration free concrete）。自密实混凝土的自密实性包括流动性（填充性）、间隙通过性以及抗离析性等三个方面。自密实混凝土拌合物的自密实过程为：粗骨料悬浮在具有足够变形能力和黏度的砂浆中，在自重的作用下，砂浆包裹粗骨料一起流动，通过钢筋间隙，进而形成均匀密实的结构，如图 7-1 所示。

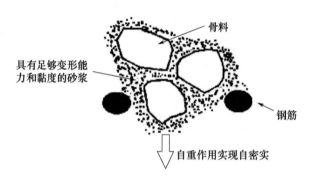

图 7-1　自密实混凝土拌合物的自密实过程

自密实混凝土具有突出的优点[3-4]：①由于不需要振捣，浇筑效率大大提升，工人劳动强度大大降低；②可以浇筑成型复杂、薄壁和密集配筋的结构以及无法振捣的混凝土；③没有浇筑振捣噪声，有利于改善工作环境，可大大减少施工扰民等问题。近年来，我国大力推行装配式建筑，绿色生产、节能环保被逐步摆到突出位置，自密实混凝土以其优良的施工性能更多地被应用于预制构件中。

7.1.3　存在问题

自密实混凝土有许多优点，但在生产使用过程中也碰到许多问题，这可能是由于全部采用常规材料所配制的自密实混凝土本身存在不足。

（1）制品表面气泡。当完全靠自重密实时，制品表面经常会出现气泡不能充分排出的情况。为获得较好的表面质量，自密实混凝土 T_{500} 指标应尽量小，最好 $T_{500} \leqslant 2s$，这就要求混凝土黏度要小，此时混凝土容易离析、泌水。自密实混凝土高流动性与稳定性是有矛盾的，需要平衡兼顾，再加上混凝土混合物组成的复杂性以及对拌合物性能的高要求，对实际生产控制会有更高的要求。通常可采取一定措施确保混凝土的稳定性，可能会适当牺牲一些流动性，如采取辅助振捣措施帮助排出气泡[5-6]。

（2）自密实混凝土敏感性更高，需要更加精细的控制。自密实混凝土具有对原材料敏感性、温度敏感性、水敏感性、时间敏感性等。其性能不仅与自身有关，而且与现场环境的温、湿度等密切相关，容易出现波动，质量控制难度较大。

（3）自密实混凝土胶凝材料用量高，配制低强度等级混凝土有难度，混凝土水化温升高且温峰提前，不利于大体积混凝土浇筑。

（4）成本要高于普通混凝土。即便是采用常规材料配制，自密实混凝土的特点也要求优选这些材料，其材料成本依然高于普通混凝土。

7.2　再生自密实混凝土的研究进展

利用再生骨料配制自密实混凝土，有利于保护环境，降低成本，同时可以改善混凝土施工性能。本节重点介绍利用再生骨料制备自密实混凝土的相关研究进展。

沈阳工业大学[7]为了分析自密实再生骨料混凝土与自密实天然骨料混凝土的力学性能差异，以粉煤灰掺量与再生骨料特性为研究因素进行对比试验，结果表明：粉煤灰掺量为 25％时，自密实再生混凝土的立方体抗压强度和轴心抗压强度最大，但拉压比最小；提高再生骨料的原生混凝土强度使自密实再生混凝土的劈裂抗拉强度和拉压比均增大，但轴心抗压强度几乎无变化；当粉煤灰掺量低于 50％时，再生骨料的原生混凝土强度对自密实再生混凝土的立方体抗压强度几乎无影响。

山东大学[8]采用再生细骨料替代天然砂石配制自密实混凝土，利用再生细骨料的高吸水性，将其作为内养护材料，解决自密实混凝土的收缩问题。选取 3 种再生细骨料替代天然砂（25％、50％、75％、100％的取代率）配制自密实混凝土，研究了再生细骨料种类、取代率和预湿程度对自密实混凝土的工作性、力学性能、耐久性及收缩性能等的影响，得出以下结论：①再生细骨料会降低自密实混凝土的工作性和强度，然而，再生细骨料自密实混凝土的工作性满足 SF2 要求，其 28d 龄期抗压强度在 50MPa 以上，可用于一般普通钢筋混凝土结构。劈裂抗拉强度范围为 4.27～5.07MPa，抗折强度范围为 7.39～8.51MPa，弹性模量范围为 28.9～34.67GPa。②再生细骨料会降低混凝土的耐久性。干燥再生细骨料可提高混凝土的抗冻融性，但饱水的再生细骨料自密实混凝土，仍可承受至少 200 个冻融循环。再生细骨料自密实混凝土的氯离子渗透性介于低和中等之间，电通量范围 877～2346C，56d 再生细骨料自密实混凝土的电通量范围为 412～1015C，再生细骨料自密实混凝土抗氯离子渗透性能好。③再生细骨料所吸收的水分会在混凝土内部相对湿度降低的情况下释放出来，使混凝土的内部相对湿度维持在较高的水平，其内养护作用可有效降低自密实混凝土的收缩，降低混凝土的约束开裂风险。④再生细骨料的释水作用可有效促进界面水泥石的水化，使界面区的结构更加密实。再生细骨料界面区水泥石 0～20nm 的孔含量逐渐增加，孔径超过 20nm 孔含量显著减少。水泥石的平均孔径和孔隙率逐渐降低，界面区的结构更加密实，且再生细骨料界面区水泥石水化程度高于普通混凝土，其水化程度随再生细骨料的饱和度的提高而增大。

大连大学、清华大学深圳研究生院[9]等为提高再生骨料的性能，使之适用于自密实混凝土，使用 4 种强化手段对简单破碎后的两种来源再生骨料进行改性处理，研究其对新配 RA-SCC（再生自密实混凝土）工作性能和硬化后物理力学等性能的影响。结果发现：骨料来源和原生混凝土强度对再生骨料的品质有较大影响，而经过改性处理以后，不同来源的再生骨料品质都有所提升，所制成 RA-SCC 性能差异变小；裹浆法以及水玻璃浸泡的方法能够较大程度地改善新拌 RA-SCC 的自密实性能；高温煅烧法、酸性溶液浸泡法、水玻璃分散技术可使硬化后的 RA-SCC 内部结构更加致密，从而明显改善 RA-SCC 的抗拉强度、抗干燥收缩性能和抗冻性能，但大部分骨料增强技术对 RA-SCC 的抗压强度和弹性模量的影响较小。

大连理工大学[10]通过对自密实再生骨料混凝土进行一系列试验，研究了两种原生强度的再生粗骨料在不同再生粗骨料取代率下自密实再生骨料混凝土的配合比、工作性能、力学性能和变形性能。进行的主要工作有：对于再生粗骨料的基本性能，完成了再生骨料吸水率、表观密度、压碎值、磨损性试验；通过对再生粗骨料预湿处理和裹浆并添加减水剂和粉煤灰等配制出了高性能的自密实再生骨料混凝土；进行了自密实再生骨料混凝土的填充性、流动性、抗离析性试验；进行了自密实再生骨料混凝土抗压、劈裂抗拉强度和黏结锚固试验；此外还进行了自密实再生骨料混凝土的干缩变形试验。在上述试验的基础上对不同粗骨料取代率和不同原生强度粗骨料对自密实再生骨料混凝土性能的影响进行了对比分析。

江苏科技大学[11]对钢渣再生骨料自密实混凝土进行了系列研究。在此基础上，主要通过碳化试验和氯离子渗透试验，对掺钢渣再生骨料自密实混凝土的抗碳化性能和抗氯离子渗透性能进行了研究，分析了不同因素的影响，在此基础上建立了混凝土寿命预测模型。此外，还对不同钢渣掺量下混凝土碳化和氯离子侵蚀的相互作用进行了试验研究。得到的主要结论如下：①掺钢渣再生骨料自密实混凝土的碳化深度随着钢渣掺量的逐步增大，呈现出先降低后提高的趋势，而且不论养护时间的长短，钢渣掺量对掺钢渣再生骨料自密实混凝土碳化深度的影响规律基本一致。随着养护时间的增加，掺钢渣再生骨料自密实混凝土的抗碳化性能渐渐提升。当掺入 10% 的钢渣时，掺钢渣再生骨料自密实混凝土的抗碳化性能最好。②在不同的养护龄期下，随钢渣掺量的变化，自密实混凝土氯离子渗透性能有不同的变化规律。当养护龄期为 7d 和 14d 时，随着钢渣掺量的增加，掺钢渣再生骨料自密实混凝土的氯离子扩散系数都呈现出增加的趋势；当养护龄期为 28d、56d 和 90d 时，掺入 10% 的钢渣时，掺钢渣再生骨料自密实混凝土的抗氯离子渗透性能最好。且随着钢渣掺量的逐步增大，掺钢渣再生骨料自密实混凝土的氯离子扩散系数呈现先降低后增加的趋势。③通过二组对比试验发现，碳化能够降低混凝土氯离子扩散系数，氯离子的侵蚀却使混凝土的抗碳化性能得以提升。

7.3　再生自密实混凝土工作性及影响因素

混凝土的工作性及施工振捣质量对混凝土工程的质量起到决定性的作用，提高混凝土工作性和施工质量尤为重要，施工性能上能达到自密实、可调凝的新型混凝土对现代建筑工程意义重大。近年来，随着对水泥和混凝土微观研究的不断深入，以及高效减水剂的出现，配制自密实高性能混凝土成为可能。由于使用自密实混凝土可以满足薄壁结构、密集配筋或钢管混凝土等无法振捣情形下的施工需要，同时可以改善混凝土施工性能，降低劳动成本，有利于环境保护，因此人们越来越重视该项技术的开发和利用，自密实高性能混凝土成为混凝土技术的最新发展方向之一。

7.3.1　工作性的特点及测试方法

自密实混凝土工作性的特点是具有良好的穿透性能、充填性能和抗离析性能。在再生自密实混凝土的配合比设计中，所有三个工作性参数都应被评估，以保证所有方面都符合要求。适宜测试自密实混凝土的工作性的各种方法见表 7-1。

表 7-1　自密实混凝土测试方法

方法	测试项目	性能	数值范围	
			最小	最大
坍落流动度法	坍落流动度（mm）	充填性能	650	800
T_{50cm} 坍落流动度法	T_{50cm}（s）	充填性能	2	7
V-漏斗法	流出时间（s）	充填性能	8	12
Orimet 测试法	流出时间（s）	充填性能	0	5
J-环法	高度差（mm）	穿透性能	0	10
L 形仪法	h_2/h_1	穿透性能/充填性能	0.8	1.0
U 形仪法	h_2-h_1（mm）	穿透性能	0	30
填充仪法	填充系数（%）	穿透性能/充填性能	90	100
V 形漏斗-T_{5min}法	T_{5min}（s）	抗离析性能	0	+3
筛稳定性仪法	离析率（%）	抗离析性能	0	15

国内外对自密实混凝土工作性的评价指标和试验方法有很多，难以用一种指标来全面反映混凝土拌合物的工作性。根据《自密实混凝土应用技术规程》（CECS 203—2006）和《自密实混凝土设计与施工指南》（CCES 02—2004）中的规定，我国的自密实高性能混凝土的工作性应包含流动性、抗离析性（segregation resistance）、填充性（filling ability）和间隙通过性（passing ability）四类[12-14]。

为了实现再生自密实混凝土较大的坍落度和较好的流动性，在配制再生自密实混凝土时，选用高品质再生骨料部分或全部替代天然再生骨料，同时掺入一定量的粉煤灰、矿粉等矿物外加剂来提高自密实混凝土的流动性。为防止单方用水量过多影响混凝土的强度或用水量较少降低混凝土的流动性和填充性，通常用高效减水剂替代部分用水避免造成混凝土离析泌水。如图 7-2 所示是用水量不足，胶凝材料配比设计不合理造成新拌混凝土干硬，没有流动性，更没有坍落度，无法达到自密实的效果；如图 7-3 所示是单方用水量过多或设计的配比不合理等造成流动性过强出现泌水的现象，这种状态下的混凝土的工作性不稳定，会严重影响施工质量。所以，在试验中，为配制工作性良好的再生自密实混凝土，得到成型良好、充填均匀的试块，需不断进行试配和调整各掺量，最终得到成型优良的混凝土试块[15-16]。

图 7-2　新拌出的用水量不足的自密实混凝土

图 7-3　流动性过强的再生自密实混凝土

除了使用性能优异的减水剂外，往往还要掺加矿物掺合料。在进行混凝土搅拌时根据坍落度合理控制用水量，以免用水量较少造成混凝土流动性降低，填充性下降，或用水量过多造成混凝土离析泌水。通过在试验过程中不断地试配与调节，混凝土具有优良的工作性，得到成型良好、充填均匀的试件。

坍落度是测定普通混凝土工作性能的常用方法之一，由于自密实混凝土有很大的流动性、很大的坍落度，因此，在对自密实混凝土的研究中，通常用坍落度法测定自密实混凝土的坍落度和坍落扩展度来评价混凝土流动性的好坏[17]。

将新拌的混凝土灌入坍落度桶中并分层振捣直至装满坍落度桶，将桶拔起，混凝土因自重产生坍落现象，用桶高（300mm）减去坍落后混凝土最高点的高度即为坍落度。待混凝土的流动停止后，测量展开的混凝土圆形截面的最大直径，以及与最大直径呈垂直方向的直径，取两个直径的平均值，即为所测混凝土的坍落扩展度。从混凝土的坍落度和坍落扩展度（图 7-4）可以目测出所配制的混凝土是否出现离析、泌水等不良现象，要求粗骨料中间不集堆，而且混凝土拌合物扩展边缘无砂浆析出，也无多余的水析出。通过测量其坍落度和坍落扩展度可知所配制的混凝土是否有好的工作性能，可以初步满足实际工程的施工质量要求。

图 7-4　坍落扩展度测试

7.3.2　工作性调整

当采用上述工作性测试方法检测时，如果超出标准范围太大，说明混凝土的工作性存在缺陷，可以通过下述途径来调整再生自密实混凝土的工作性：

黏度太高：提高用水量，提高浆体量，增加高效减水剂用量；

黏度太低：减少用水量，减少浆体量，减少高效减水剂用量，掺加增稠剂，增加粉料用量，增加砂率；

屈服值太高：增加高效减水剂用量，增大浆体的体积；

离析：增大浆体的体积，降低用水量，增加粉剂用量；

坍落度损失太大：用水化速度较慢的水泥，加入缓凝剂，选用其他减水剂；

堵塞：降低骨料最大粒径，增大浆体体积。[18]

7.3.3 工作性的影响因素

1. 砂率的影响

砂率是影响自密实混凝土新拌物流动性的一个重要因素。当水泥用量和水灰比不变时，一方面，因为砂子比表面积远比粗骨料要大，砂率增大，则粗细骨料的总表面积也随着增大，如果水泥浆用量一定，粗细骨料表面分布包裹的砂浆就会变薄，造成润滑作用降低，所以混凝土的流动性也随之降低。因此，当砂率超过一定范围时，浆体的流动性会随着砂率的增大而降低。另一方面，由于水泥浆和砂子组成的砂浆对粗骨料起着滚珠和润滑作用，能降低粗骨料间的摩擦阻力，所以，随着砂率的增大，自密实混凝土流动性增强。在自密实混凝土中，使用较大的砂率能够满足工作性能的特殊要求[19-20]。

适当的砂率，可以使粗细骨料相互之间填充密实。水泥砂浆是粗细骨料颗粒间的润滑剂，可以增强流动性，避免因包裹骨料颗粒的水泥浆体过厚造成自密实混凝土离析。选用高效减水剂能保证自密实混凝土在较低胶凝材料用量和水胶比情况下产生包裹性、较大的流动度、较好的黏聚性和匀质性。

2. 混合料集灰比和水灰比的影响

保持水灰比不变，同时减小集灰比，则用水量增加、流动性提高。如果集灰比保持不变，同时降低水灰比，单位用水量将减少，混凝土流动性将降低。

3. 原材料的影响

（1）矿粉对自密实混凝土的坍落度影响不大，但其他惰性掺合料的掺量太高时，混凝土的坍落度会出现明显的减小。

（2）用水量不变时，水泥的需水量越大时，自密实混凝土的流动度越低；水泥的需水量越小时，自密实混凝土流动度越高。

（3）在用水量条件相同的情况下，需水量高的再生骨料含量越少，流动性越强。反之流动性越差。

（4）高效减水剂可以明显地提高新拌混凝土的流动性，如果流动性相同，可以较大程度地减少自密实混凝土用水量。

（5）使用的粉煤灰需水量减少，自密实混凝土的用水量也随之减少。在继续保持混凝土的流动性不变的同时，可以做到较大程度地减少自密实混凝土的用水量。

4. 再生骨料的影响

骨料约占混凝土原材料的70%，骨料在混凝土中充当骨架的作用，骨料的质量对混凝土的质量有着很大的影响。配制高质量混凝土，必须采用高质量、高强度、物理化学性能稳定、不含有机杂质及盐类的粗细骨料。再生骨料质量的优劣对再生自密实混凝土的工作性能有着很大的影响。

将建筑废弃物分类、筛选、破碎、分级、清洗，按国家标准对骨料颗粒级配的要求进行调整后得到的混凝土骨料称为再生骨料。按再生骨料颗粒粒径的大小，分为再生细骨料和再生粗骨料。本节重点研究了再生粗骨料对再生自密实混凝土的工作性能的影响。再生粗骨料的许多性能不同于天然粗骨料：在轧碎的操作工艺中，形成的形状较多，棱角也较多，根据破碎机的不同，颗粒粒径的分布也不同，密度较小的，可作为半轻质骨料；再生粗骨料上附带有水泥素浆，使再生粗骨料有较轻的质量，有较高的吸水率，降低了粘结力，降低了抗磨强度[21]；再生粗骨料中会有一定量的从原有废弃混凝土中附带的黏土颗粒、沥青、石灰、钢筋、木材、碎砖等污染物，会给再生粗骨料拌制的再生自密实混凝土的力学性能和耐久性带来负面影响，需要引起注意并采取有效的措施加以防范。

研究表明，粗骨料的形状越接近球体，其棱角越少，颗粒之间的空隙越小。在胶凝材料相同的情况下，配制混凝土的用水量相同时，再生粗骨料的取代量越多，混凝土的坍落度就越小，其流动性也越不好。也就是说，要使再生自密实混凝土达到相同的坍落度，混凝土有较高的流动性，则再生粗骨料取代量应减少。

研究表明，颗粒整形能明显地改善再生粗骨料的各项性能，通过对再生粗骨料的颗粒整形，粗骨料的棱角减少，越接近球体，越能够提高堆积密度和密实度，同时降低压碎指标（粗骨料）和坚固性值（细骨料），使之与天然粗骨料接近，可以改善再生混凝土的工作性。同时，虽然在整形过程中去除了粗骨料带有的大量的水泥水化产物，但与天然粗骨料相比吸水率还是较大，再生粗骨料的吸水率是天然粗骨料的 5 倍。

5. 再生骨料取代率的影响

高嵩、张巨松等通过坍落度法测定了不同胶凝材料体系、不同取代量的再生粗骨料的混凝土拌合物的坍落度和坍落扩展度。天然粗骨料混凝土工作性试验方案和结果见表 7-2，再生粗骨料混凝土工作性试验方案和结果见表 7-3。通过目测检查混凝土拌合物的黏聚性和保水性，探讨再生粗骨料取代率对再生自密实混凝土坍落度的影响。

表 7-2　天然粗骨料的自密实混凝土工作性

代号	水泥（kg/m³）	矿粉（kg/m³）	粉煤灰（kg/m³）	用水量（kg/m³）	水灰比	坍落度（mm）	扩展度（mm）
A1	475	50	0	175	0.37	275	715
B1	375	50	100	175	0.47	272	710
C1	315	50	160	175	0.56	275	730

表 7-3　再生粗骨料的自密实混凝土工作性

代号	水泥（kg/m³）	矿粉（kg/m³）	粉煤灰（kg/m³）	再生粗骨料取代率（%）	用水量（kg/m³）	水灰比	坍落度（mm）	扩展度（mm）
A2	475	50	0	40	175	0.37	273	690
A3	475	50	0	70	175	0.37	266	650
A4	475	50	0	100	175	0.37	255	680
B2	375	50	100	40	175	0.47	271	690
B3	375	50	100	70	175	0.47	265	678

代号	水泥 (kg/m³)	矿粉 (kg/m³)	粉煤灰 (kg/m³)	再生粗骨料取代率 (%)	用水量 (kg/m³)	水灰比	坍落度 (mm)	扩展度 (mm)
B4	375	50	100	100	175	0.47	260	653
C2	315	50	160	40	175	0.56	272	715
C3	315	50	160	70	175	0.56	262	690
C4	315	50	160	100	175	0.56	255	665

从表 7-2 的试验结果可以看出，在天然粗骨料的自密实混凝土中，C1 组的自密实混凝土的扩展度和坍落度最大，其坍落度达到了 275mm，扩展度也达到了 730mm。从表 7-3 的试验结果可以看出，A4 组再生粗骨料自密实混凝土的坍落度最小，但也达到了 255mm，扩展度达到了 680mm。新拌再生粗骨料自密实混凝土的坍落度和扩展度表明再生粗骨料自密实混凝土的工作性能良好，达到了自密实混凝土的要求。再生粗骨料取代率为 40% 的再生粗骨料自密实混凝土的坍落度与天然骨料自密实混凝土的坍落度相近。随着再生粗骨料取代率的增大，再生粗骨料自密实混凝土的坍落度有所下降，再生粗骨料混凝土的扩展度也稍低于天然粗骨料混凝土。

从表 7-3 可以看出，在坍落度符合要求时，不同胶凝材料的再生粗骨料自密实混凝土的坍落度都随再生粗骨料取代率的增大而加速下降。在再生粗骨料取代率为 40% 时，坍落度已经接近天然粗骨料混凝土；再生粗骨料取代率为 70% 时，坍落度比天然粗骨料混凝土明显降低；再生粗骨料全取代的混凝土的坍落度较相应的天然粗骨料混凝土的损失率达到 7% 以上，但是其保水性、黏聚性等与天然粗骨料混凝土相差无几。在水灰比不变情况下，粗骨料需水量随再生粗骨料取代率的提高而增加，使得新拌混凝土坍落度大幅度下降。这主要有以下几个方面的原因：

（1）废弃混凝土在破碎的过程中产生较多的棱角，致使表面粗糙。粗骨料内部因损伤的累积存在一些裂纹或微裂纹，且在其表面嵌附有少量硬化水泥砂浆和小石屑。砂浆体中水泥石本身有较大的孔隙率，在破碎过程中其内部会产生大量微细裂缝，并不可避免地含有较多的泥土和泥块。

（2）再生粗骨料经过整形筛分后各项性能明显改善，粗骨料的棱角减少，更接近于球体，去除了再生粗骨料带有的水泥水化物，显著地提高了其堆积密度和密实度，降低了压碎指标值，使之接近于天然粗骨料。

（3）由于高品质再生粗骨料含有的一部分水泥石，会吸收一定量的水，因此，再生粗骨料的吸水率明显高于天然粗骨料，所以在控制用水量不变的情况下，再生粗骨料混凝土的坍落度随再生粗骨料取代量的增加而下降。

在试验中，取不同胶凝材料、相同再生粗骨料取代率的混凝土坍落度的平均值，可以直观地研究坍落度随再生粗骨料取代率的变化规律，得到再生混凝土坍落度随再生粗骨料取代率的变化规律，如图 7-5 所示。可以看出，在控制用水量不变的情况下，再生粗骨料自密实混凝土的坍落度随再生粗骨料取代率的增大而减小。要使再生粗骨料混凝土和天然粗骨料混凝土坍落度保持基本相同，需采用增加单位用水量或增加高效减水剂的方式进行调整。通过试验可知，用再生粗骨料部分或全部替代天然粗骨料在实际工程中是可行的。

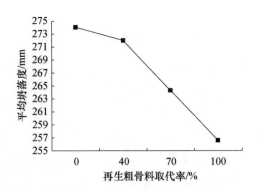

图 7-5　不同胶凝材料、相同再生粗骨料取代率的混凝土对坍落度的影响

7.4　再生自密实混凝土的配合比设计与质量控制

7.4.1　再生自密实混凝土的配合比设计

再生自密实混凝土应根据工程结构形式、施工工艺以及环境因素进行配合比设计，并应在综合考虑混凝土自密实性能、强度、耐久性以及其他性能要求的基础上，计算初始配合比，经实验室试配、调整得出满足自密实性能要求的基准配合比，经强度、耐久性复核得到设计配合比[22-23]。

1. 再生自密实混凝土配比设计技术的关键

自密实混凝土配合比设计时，应保证做到三低（低用水量、低胶材总量、低砂率）。必须考虑集料、矿物掺合料以及外加剂三方面因素，三者必须统筹兼顾。

（1）优化集料级配设计。应获取最大堆积密度和最小孔隙率，从而尽可能减少胶凝材料的用量，达到降低砂率、减少用水量及胶凝材料用量，提高混凝土耐久性的目的。

（2）矿物掺合料调黏控制。利用优质粉煤灰、硅灰和矿粉优化配伍，改善混凝土的黏聚性和流动性。

（3）外加剂配方优化设计。外加剂配方应采用两种以上组分复配的思路，弱化分散性，有较宽的可调节范围，降低敏感性，削弱材料波动的影响。外加剂要具备快速分散、延时缓释、适量引气、保水以及黏度调控功能。配制中、低强度等级自密实混凝土，为提高混凝土匀质性，削弱原材料波动的影响，降低敏感性，外加剂宜加入增稠组分，但增稠组分的选择应该提高自密实混凝土的匀质性，不能因为塑性黏度的增高显著影响混凝土的流动性。

2. 配合比设计方法及基本规定

自密实混凝土配合比设计宜采用体积法，可以避免因胶凝材料组分密度不同而引起的计算误差。自密实混凝土设计的主要参数有粗集料体积、砂浆中砂的体积、水胶比、胶凝材料中矿物掺合料用量等。可参考《自密实混凝土应用技术规程》（JGJ/T 283—2012）规定的方法进行设计。

水胶比宜小于 0.45，胶凝材料用量宜控制在 $400 \sim 550 kg/m^3$。水胶比不能过大，以保证自密实混凝土具有足量的胶凝材料量，实现良好的施工性能和优异的硬化后的性能[24]。

在 $1m^3$ 混凝土中，粗集料体积宜控制在 $0.28 \sim 0.35 m^3$ 范围内。过小，混凝土弹性模量等力学性能将显著降低；过大，则影响拌合物的工作性，无法实现自密实性能。

砂浆中砂的体积分数宜控制在 $0.42 \sim 0.45$ 之间。过大，混凝土的工作性和强度降低；过小，则混凝土收缩较大，体积稳定性不良。

再生自密实混凝土的用水量不宜超过 $190 kg/m^3$。

可通过增加粉体材料的用量来适当增加浆体体积，也可以通过添加外加剂的方法来改善浆体的黏聚性和流动性。常用的粉体为石粉，应符合标准《石灰石粉混凝土》（GB/T 30190—2013）和《石灰石粉在混凝土中应用技术规程》（JGJ/T 318—2014）。常用的添加剂为增黏剂、生物胶等。

3. 配合比确定

自密实混凝土配合比的确定方法跟普通混凝土一样，也是建议采用 3 个或 3 个以上的系列配合比，各配比维持用水量不变，增大和减小水胶比，适当调整胶凝材料总量，并相应减小和增大砂的体积分数，外加剂掺量也做微调。然后对其试配强度进行回归分析，确定每一强度等级对应的水胶比，从而计算出最终的配合比。

7.4.2　再生自密实混凝土质量控制要点

1. 原材料质量控制

再生自密实混凝土对原材料的要求比较高，在优选原材料的同时，应保证其品质的稳定性。

原材料控制重点是砂、粉煤灰和外加剂。砂主要控制含泥量或人工砂、再生砂的石粉含量；粉煤灰主要控制需水量比；外加剂建议通过试拌保证其质量稳定性[25]。

2. 混凝土施工过程质量控制

再生自密实混凝土流动性大，入模后即在短时间内对模板产生最大的侧压力。与普通混凝土相比，自密实混凝土屈服值低，几乎没有支撑自重的能力，浇筑的过程中下部模板所承受的侧向压力会随浇筑高度的增大而线性增大，因此要求模板具有更高的刚度和坚固程度。然而由于自密实混凝土具有触变性，在浇筑流动到位静置较短时间后，其屈服值就会快速增长，支撑自重的能力同步增强，对模板的侧向压力则会相应减小。因此，设计时应以混凝土自重传递的液压力为作用压力，同时考虑分隔板、配筋状况、浇筑速度、温度等的影响，提高安全系数。

考虑到再生自密实混凝土的流动性强，要求模板的接缝处不能漏浆、跑浆。浇筑形状复杂或封闭模板空间内混凝土时，应在模板适当部位设置排气口和浇筑观察口，避免造成混凝土的空洞[26-28]。

再生自密实混凝土浇筑最大水平流动距离应根据施工部位具体要求确定，且不宜超过 7m。柱、墙模板内的混凝土浇筑倾落高度不宜大于 5m。

浇筑结构复杂、配筋密集的混凝土构件时，可在模板外侧进行辅助敲击。

钢管自密实混凝土浇筑时，应按设计要求在钢管适当位置设置排气孔，排气孔孔径宜为 20mm。混凝土最大倾落高度不宜大于 9m。

在有条件的前提下，建议对自密实混凝土进行顶升施工。自密实混凝土均衡上升可以避免混凝土流动不均匀造成的缺陷，有利于排除混凝土内部气孔。同时均匀、对称浇筑，可防止高差过大造成模板变形或其他质量、安全隐患。

参考文献

[1] 中华人民共和国住房和城乡建设部. 自密实混凝土应用技术规程（JGJ/T 283—2012）［S］. 北京：中国建筑工业出版社，2012.

[2] 廉慧珍，张青，张耀凯. 国内外自密实高性能混凝土研究及应用现状［J］. 施工技术，1999（5）：1-3.

[3] 赵筠. 自密实混凝土的研究和应用［J］. 混凝土，2003（6）：9-17.

[4] 川岛满城，金丸和光，张日红，等. 用免振自密实混凝土生产预制构件［J］. 混凝土与水泥制品，2003（3）：40-42.

[5] 纪建林，胡竞贤，王毅. 自密实混凝土性能及其在三峡三期工程中的应用［J］. 西北水电，2005（4）：33-36.

[6] 肖苗良. 自密实混凝土的研究和应用［J］. 混凝土与水泥制品，2018（3）：32-33.

[7] 姚大立，迟金龙，余芳，等. 自密实再生混凝土氯离子渗透性能时变规律［J］. 沈阳工业大学学报，2020，42（04）：476-480.

[8] 刘相阳. 再生细骨料内养护自密实混凝土性能的研究［D］. 济南：山东大学，2019.

[9] 常歌. 自密实混凝土冻融循环作用后的单轴受压试验［D］. 大连：大连理工大学，2019.

[10] 王怀亮，张楠. 改性再生骨料对自密实混凝土性能的影响［J］. 哈尔滨工业大学学报，2016，48（06）：150-156.

[11] 江鑫. 钢渣集料自密实混凝土的制备技术及其抗裂性能研究［D］. 镇江：江苏科技大学，2018.

[12] 钱觉时. 粉煤灰特性与粉煤灰混凝土［M］. 北京：科学出版社，2002.

[13] 鲁丽华，潘桂生. 不同掺量粉煤灰混凝土的强度试验［J］. 沈阳工业大学学报，2009，31（1）：107-111.

[14] 杨树桐，吴智敏. 自密实混凝土力学性能的试验研究［J］. 混凝土，2005，183（1）：33-37.

[15] 陈益民，许仲梓. 高性能水泥制备和应用的科学基础［M］. 北京：化学工业出版社，2008.

［16］陈雷，等．粉煤灰和矿渣双掺对混凝土性能影响的研究［J］．粉煤灰综合利用，2007（2）．

［17］孟志良，等．低强度自密实混凝土基本力学性能试验研究［J］．混凝土，2009（6）：12-15.

［18］姚燕，王玲，田培．高性能混凝土［M］．北京：化学工业出版社，2006.

［19］冯世亮，等．双掺粉煤灰和矿渣自密实混凝土的研制［J］．广东建材，2008（6）：41-43.

［20］陈成意．粉煤灰复合矿渣粉在高性能混凝土中的作用［J］．混凝土，2009（8）．

［21］齐永顺，杨玉红．自密实混凝土的研究现状分析及展望［J］．混凝土，2007（1）．

［22］陈荣生．超细矿粉和聚合物改性的水泥基高性能材料研究［D］．杭州：浙江工业大学，2002.

［23］段吉祥，杨延军，秦灏如．水泥水化过程中的热现象研究［J］．工程兵工程学院学报，1999（14）：367-371.

［24］李茂生，周庆刚．高性能自密实混凝土在工程中的应用［J］．建筑技术，2002，32（1）：39-40.

［25］陈春珍．自密实混凝土性能及工程应用研究［D］．北京：北京工业大学，2010.

［26］胡众．高性能自密实混凝土性能研究及工程应用［D］．合肥：合肥工业大学，2009，4.

［27］王坤．青岛地铁高性能衬砌混凝土试验研究［D］．青岛：青岛理工大学，2010.

［28］宋晓冉．绿色高性能自密实混凝土的性能研究［D］．青岛：青岛理工大学，2010.

第8章 再生透水混凝土

8.1 透水混凝土的定义、种类和基本性能

8.1.1 定义

透水混凝土（图 8-1）是由一系列相连通的孔隙和混凝土实体部分骨架构成的具有透水透气性的多孔结构混凝土。透水混凝土必须具有透水功能，要求其组织结构中含有大量宏观连续孔隙。而普通混凝土是追求各组分达到最紧密的堆积，形成致密结构。这是透水混凝土与普通混凝土之间最大的区别。

图 8-1　透水混凝土示意图

8.1.2 种类

透水混凝土主要包括三类：①水泥基透水混凝土。提高强度、耐磨、抗冻是其技术难点；②高分子基透水混凝土。以沥青或高分子树脂为胶结材，成本高；③烧结透水性制品。以废弃的瓷砖、长石、高岭土、黏土等矿物的粒状物和浆体拌和，压制成胚体，经高温煅烧而成，成本较高。本章主要介绍水泥基透水混凝土。

作为一种"环保、生态型"的功能材料，透水混凝土可以让雨水迅速渗入地表，还原成地下水，使地下水资源得到及时补充，保持土壤湿度，改善城市地表植物和土壤微生物的生存条件；同时透水混凝土具有较大的空隙率并与土壤相通，能蓄积较多的热

量，有利于调节城市空间的温、湿度，减轻热岛现象；集中降雨时，能减轻排水设施的负担，防止路面积水和夜间反光，提高车辆、行人的通行舒适性和安全性；大量的空隙能够吸收车辆行驶时产生的噪声，创造安静舒适的交通环境。随着社会对环保、生态的日益重视，大量新建的人行道工程以及旧有人行道的翻修改造工程，设计时均明确指出必须采用透水混凝土产品，透水混凝土的需求日益广泛。普通透水混凝土基本性能如下：

(1) 表观密度：1600～2100kg/m³；

(2) 孔隙率：8%～35%；

(3) 抗压强度：15～30MPa；

(4) 抗拉强度：抗压强度的 1/4～1/7；

(5) 抗折强度：1～2MPa；

(6) 透水系数：1～5mm/s；

(7) 干缩：(2.0～3.5)×10⁻⁴。

8.2 透水混凝土研究进展及再生骨料对其力学性能的影响

透水混凝土的研究始于 100 多年前[1]，1852 年英国在工程建设中由于缺少细骨料，便开发了不含细骨料的混凝土。美国在 20 世纪 60 年代就开始对透水混凝土配合比设计进行研究。1995 年，南伊利诺伊大学的 Nader Ghafoori[2] 阐述了不含细骨料混凝土的概要。目前，一些发达国家已经将透水混凝土广泛用于实际工程中。国内对透水混凝土的研究起步较晚，1995 年中国建筑材料科学研究院[3]着手对透水混凝土进行研究，并率先将理论研究成果付诸实际应用，在国内成功研制出了透水混凝土。

我国的城镇化建设还在不断推进，建筑材料的消耗和浪费现象都非常严重。将废弃物作为建筑材料进行循环利用，比如将废弃建筑垃圾[4]以及废弃钢渣[5]等材料处理后作为骨料加入混凝土中进行循环利用，不但能节能减排，而且解决了废弃材料的堆积以及污染问题。

8.2.1 透水混凝土的基本物理性能研究进展

1. 和易性

透水混凝土是一种干硬性混凝土，其坍落度趋近于零，因此，普通混凝土的坍落度检测方法对透水混凝土而言是不适宜的。目前，对于如何评价新拌透水混凝土的工作性，我国还没有统一的指标和方法。有研究者采用跳桌法测试流动度评价和易性，但是并没有得到理想的效果。随着试验研究的不断深入，一些新的评价指标和方法也不断地被提出来。长安大学董雨明等[6]借鉴日本的稠度评价方法，把新拌透水混凝土的状态依据水灰比由小到大的变化，相应地分为 A～E 五个等级，水灰比在 24%～ 28% 的范围内混凝土具有良好的稠度，此时的形状区分级为 C 级。长安大学盛燕萍等[7]定义富余浆量比（即富余浆量与混合料总质量的比值）用于评价透水混凝土的和易性。

2. 孔结构参数

透水混凝土作为一种多孔材料，孔隙率是非常重要的物理参数。透水混凝土的设计既要保证材料结构能输送水流通过，又要达到足够的力学强度。Meininger[8]通过试验指出，孔隙率至少为 15％才能确保水流穿过混凝土，透水混凝土的孔隙率一般控制在15％～30％之间[6-13]。

透水混凝土的孔隙率主要取决于骨料尺寸和级配、水胶比和压实度等因素。Marolf等[10]探究了骨料尺寸和级配对透水混凝土孔隙率的影响，得到混合粒径与单粒径对孔隙率影响不明显，为了防止小直径骨料填充空隙，骨料尺寸比（最大骨料的直径与最小骨料的直径比）不应超过 2.5 的结论。

除了孔隙率，孔结构特征还包括孔的尺寸和分布以及孔连通性等。一些学者通过试验研究了孔结构对透水混凝土吸声能力的影响，并且还使用电导率方法得到透水混凝土的孔结构特征，从而预测其渗透性[3,8-9,13]。Low 等人[13]通过统计学方法来表征透水混凝土的孔结构特征。

8.2.2　透水混凝土的基本力学性能研究进展

1. 抗压强度

与普通混凝土相比，透水混凝土有较大的孔隙率，其抗压强度较低。有学者针对透水混凝土抗压强度的影响因素进行了试验研究，得出透水混凝土抗压强度受配合比和压实作用的影响很大，小尺寸的骨料可以提高试件的抗压强度，但强度太高会降低透水性。Tennis[9]指出，透水混凝土抗压强度的范围为 3.5～28MPa，普通透水混凝土的抗压强度大约17MPa。已有文献试验研究得到的透水混凝土抗压强度与孔隙率的关系如图 8-2 所示。

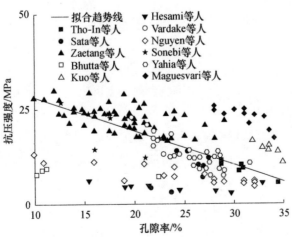

图 8-2　透水混凝土孔隙率与抗压强度的关系曲线

2. 抗拉强度

抗拉强度在刚性路面设计中非常重要。研究人员一般通过测量抗压强度并使用经验关系来推算透水混凝土的弯拉强度[9,15]。

透水混凝土的抗弯强度与孔隙率、骨料含量和压实力等有一定的相关性。随着孔隙率的增大，抗弯强度降低，两者关系大致呈线性关系[14-15]；随着骨料粒度的增大，抗弯强度降低，添加少量的砂可以有效提高透水混凝土的弯拉强度。透水混凝土的三点弯拉强度在 $1\sim3.8MPa$ 之间。

3. 弹性模量

弹性模量是透水混凝土路面设计的重要参数，研究人员对此开展了相关研究。与普通混凝土相比，透水混凝土弹性模量较低[16]。由于粗骨料在透水混凝土的组成成分中占有较大的体积比率，骨料对透水混凝土的弹性模量会产生很大的影响。试验结果表明，透水混凝土的静态弹性模量在 $10\sim28GPa$ 之间。

4. 耐久性

很多学者对透水混凝土的耐久性开展了研究，主要针对抗冻融性[17]和耐硫酸盐性[18]。由于透水混凝土具有较多大而开放的孔洞，内部孔隙会迅速饱和，在冷冻条件下，在几个循环周期内即可造成试件完全冻结，从而导致试件严重破坏。Neithalath[19]提出冻结速率会显著地影响透水混凝土的耐久性，通过试验证实了在经历一次缓慢冷冻和解冻情况下，透水混凝土能保持其相对动态弹性模量95%以上，即使在80个循环之后仍能保持40%的动态弹性模量。透水混凝土在耐硫酸盐侵蚀性能上与普通混凝土非常相似。然而，因为透水混凝土开放的孔隙结构特征，侵渍性的化学品如酸和硫酸盐很容易进入材料内部进而侵蚀较大的区域。

8.2.3 废弃材料透水混凝土的试验研究

我国作为一个资源消耗大国，废弃材料的回收利用是实现可持续发展的必然途径。目前，我国废弃材料利用率还很低。混凝土作为大宗的建筑材料，如果将一些废弃材料用于混凝土中，则可变废为宝，在一定程度上就可以改善甚至解决一些废弃材料的环境污染问题。

本节主要研究两种废弃材料：建筑废弃混凝土再生骨料、废弃钢渣。

1. 建筑废弃混凝土再生骨料

再生骨料的主要来源是将废弃的混凝土块破碎成不同粒径大小的颗粒。研究表明在相同水胶比条件下，再生骨料混凝土的抗压强度、劈拉强度、弯拉强度和弹性模量均低于普通混凝土[20]。制的普通骨料透水混凝土透水率约为15%，建筑废弃混凝土再生骨料替代天然骨料的比率分别为 25%、50%、75% 和 100%，五种试件分别记作 RAC0、RAC25、RAC50、RAC75 和 RAC100，不同掺量再生骨料透水混凝土配合比见表 8-1，力学性能试验结果见表 8-2。

表 8-1　再生骨料透水混凝土配合比　　　　　　　　　　　　　kg/m³

试件编号	水泥	水	普通石子	再生骨料	减水剂
RAC0	400	103	1425	0	1.485
RAC25	400	103	1069	356	1.485
RAC50	400	103	713	713	1.700
RAC75	400	103	356	1069	1.800
RAC100	400	103	0	1425	2.100

表 8-2　再生骨料透水混凝土力学性能测试结果　　　　　　　　　　MPa

试件编号	抗压强度	劈拉强度	三点弯拉强度	四点弯拉强度
RAC0	45.00	2.38	3.34	2.95
RAC25	32.72	2.06	2.72	2.24
RAC50	29.86	1.94	2.34	1.90
RAC75	21.37	1.78	1.95	1.80
RAC100	15.32	1.37	1.23	1.11

从表 8-2 中可以看出，再生骨料掺量对透水混凝土的抗压强度具有明显的减弱作用，当再生骨料掺量为 0 时，透水混凝土的抗压强度为 45.00MPa；当再生骨料掺量为 25% 时，抗压强度下降 28.7%；掺量为 50% 时，抗压强度下降 8.7%，强度下降速率放缓；掺量为 75% 时，抗压强度下降 27.1%，强度下降速率再次增大；掺量为 100% 时，抗压强度下降 28.3%。

随着再生骨料掺量的增加，透水混凝土试件的抗拉强度明显降低。当再生骨料掺量达到 100% 时，透水混凝土的劈拉强度从 2.38MPa 下降到 1.37MPa，劈拉强度减小了 42.4%；三点弯拉强度从 3.34MPa 下降到 1.23MPa，减小 63.2%；四点弯拉强度从 2.95MPa 下降到 1.11MPa，减小了 62.7%。而抗压强度减小 66.0%，表明再生骨料的掺入对抗压强度的影响最明显。

2. 废弃钢渣骨料

中国的钢渣产生量随着钢铁工业的快速发展而迅速递增，我国对钢渣的利用率却只有 30% 左右，且主要用作回填材料。相对而言，美国、日本、德国等 发达国家的钢渣利用率近乎达到了 100%。将钢渣作为混凝土的骨料使用，是提高钢渣利用率的一个有效途径。研究表明，钢渣表面粗糙多孔，使得水泥浆体能够紧密包裹钢渣，其界面过渡区结构较为致密，可形成较强的界面粘结力，钢渣粗骨料混凝土强度高于普通混凝土[21]。

钢渣透水混凝土的配合比参照表 8-1，将普通石子骨料等体积 100% 全部替换为钢渣骨料，配合比和相关物理特性如表 8-3 所示。测得钢渣透水混凝土的孔隙率为 16.7% 时，抗压强度和三点弯拉强度分别为 32.00MPa 和 5.10MPa。与表 8-2 对比可得，钢渣骨料透水混凝土的抗压强度低于普通骨料透水混凝土，但高于再生骨料透水混凝土，且钢渣骨料透水混凝土的三点弯拉强度明显提高。

表 8-3 钢渣透水混凝土配合比及物理特性

配合比（kg/m³）		物理特性	
水泥	400	孔隙率	16.7%
水	103	抗压强度	32.00MPa
钢渣	1425	三点弯拉强度	5.10MPa
减水剂	1.485		

8.3 再生骨料透水混凝土

8.3.1 再生骨料透水混凝土的配合比设计

1. 基本原则

透水混凝土主要采取"无砂或少砂大孔混凝土"技术路线，一般不含或少含细集料，仅靠被水泥浆体包裹的粗集料在紧密堆积状态下，通过相互之间的接触点粘结为整体，形成"蜂窝状"的多孔结构或"萨其马"结构。

透水混凝土的配制从材料选择以及配合比的设计上有其特有的规律。材料选择是关键，配合比设计是根本。其配制技术难点为：①强度和透水性互相矛盾；②提高界面粘结能力，进一步提高混凝土抗压强度、抗折强度以及耐磨性、抗冻性。

2. 初步配合比的确定方法

再生骨料透水混凝土是由再生粗（细）骨料、水泥、水以及一些为了特定需要掺加的外加剂配制而成的蜂窝结构的透水性混凝土。混凝土的配合比计算有多种方法，但由于再生骨料是建筑垃圾破碎筛分而来，它的表面与球形相去甚远，故而不能采用以表面形状为球形进行计算的比表面积法。再生骨料透水混凝土在计算时要考虑其透水性，引入一个控制变量——目标孔隙率，来控制配制出的混凝土的透水性达到预期值，故而采用体积法进行配合比计算。

$$R = 1 - \frac{M_G}{\rho_G} - \frac{W_w}{1000} - \frac{W_c}{\rho_c} \tag{8-1}$$

式中 R——目标孔隙率；

ρ_G——再生粗骨料的表观密度；

M_G——再生粗骨料的用量；

W_w——再生骨料透水混凝土的用水量；

W_c——再生骨料透水混凝土水泥的用量；

ρ_c——再生骨料透水混凝土水泥的密度。

在进行配合比计算时，首先考虑其水胶比。水胶比不仅影响着强度，而且对透水性也有一定的影响，两个相对矛盾的性能指标制约着水胶比的确定，所以再生骨料透水混凝土在确定水胶比的方法上不同于普通混凝土。配制再生骨料透水混凝土时，若水胶比过高，新拌混凝土的流动性强，工作性能好，易于填充，水分蒸发之后会留下很多毛细通道，可以提高透水混凝土的透水性，却降低了其强度。若水胶比过低，新拌混凝土的和易性会很差，同时也不利于骨料之间较好地粘结。对于再生骨料透水混凝土来说，还可能出现沉浆问题，强度提高了，透水性会非常差。所以，重要的是选择合适的水胶比。根据规范和实验来看，水胶比一般选择在 0.25～0.4 之间。

确定好计算方法和水胶比之后还有一个需要解决的问题，就是用水量问题。前文强调过，再生骨料吸水率大，用水量如果没有控制好，和易性就差，这将会导致骨料与骨料之间没有良好地粘结。所以需要考虑在计算值的基础上额外附加一部分水作为再生骨料透水混凝土用水量的一个必要的补充。再生骨料种类不同，其吸水率也有所不同。张学兵、邓寿昌等人专门针对再生骨料附加水做了研究，并且提出了实用计算公式。

$$\Delta W = \begin{cases} (2.00569 - 0.61793e^{-0.2048t})\%m_{RCA} & (0 \leqslant t \leqslant 60\text{min}) \\ (1.99318 + 1.10234 \times 10^{-4}t)\%m_{RCA} & (60\text{min} < t \leqslant 24\text{h}) \\ 2.15\%m_{RCA} & (t > 24\text{h}) \end{cases} \quad (8\text{-}2)$$

式中，m_{RCA} 为再生骨料质量，t 为吸水时间。

3. 配合比设计

根据透水混凝土所要求的孔隙率和结构特征，可以认为 1m³ 混凝土的表观体积由集料堆积而成。因此配合比设计原则是将集料颗粒表面用水泥浆包裹，并将集料颗粒互相粘结形成一个整体，具有一定的强度，而不需要将集料之间的空隙填充密实。单方透水混凝土的质量应为单方集料的紧密堆积质量和单方水泥用量及用水量之和，在 1800～2200kg/m³ 之间。

参数经验取值如下：

（1）集料用量 1700～1900kg/m³（可掺少量细集料，控制在 20% 以内）。

（2）水泥用量 250～350kg/m³。

（3）W/C 在 0.25～0.35 之间。对特定的集料和水泥用量，存在最佳水胶比，对应最大抗压强度。

（4）用水量 80～120kg/m³。

4. 工作性检测

透水混凝土属于干硬性混凝土，应采用维勃稠度仪进行稠度检测，维勃稠度宜控制在 10～20s 之间。

适宜工作性经验判断为：水泥浆包裹均匀，无浆体下滴，且颗粒有类似金属的光泽，说明工作性合适。

5. 透水系数的测定

可采用简易透水系数测定仪（图 8-3）测定。测试时将橡皮泥搓成细长条压于量筒底座四周，保证在一定水压下，水不会从透水仪和试件间的接缝处渗透出来。测试时测量水位下降到一定高度所需的时间。以单位时间内水位下降的高度表征混凝土透水系数，单位为 mm/s。

图 8-3 简易透水系数的测定

8.3.2 再生透水混凝土的质量控制要点

（1）搅拌。注意投料顺序，宜先搅拌浆体，再放石子和砂。先投水泥，再投水和外加剂，搅拌均匀后，加入粒度为 5～10mm 的碎石或豆石或再生骨料和部分机制砂或天然砂，搅拌时间控制在 2～4min。条件不许可的情况下，也可采用普通混凝土的投料顺序。

（2）运输。透水混凝土属于干硬性混凝土，不适宜罐车运输，宜采用自卸货车运输。

（3）出场检验。透水混凝土为干硬性混凝土，坍落度小。水泥浆应包裹均匀，无浆体下滴，且颗粒有类似金属的光泽。形象的描述是：乍看似发散，但手捏成团，绝不能有挂浆、流浆现象。

（4）浇筑。浇筑之前，基础必须用水润湿，以免混凝土仅有的这点水分被基础夺走。

（5）振捣。透水混凝土必须振捣密实。但不宜强烈振捣或夯实，应用平板振捣器轻振（施工作业面较小的情况下）或采用小型压路机压实（施工作业面较大的情况下），不能使用高频振捣器，以免混凝土被振实从而影响透水功能。

（6）养护。振捣完毕后，应及时覆盖塑料薄膜进行养护，或覆盖草帘，湿养 3～7d。

（7）现场试块制作。应在振动台上分层多次振动成型，必须振实和抹平。试块的精心制作和养护是透水混凝土强度验收合格的关键，否则强度数据离散性将较大。

8.3.3　再生透水混凝土的应用

再生骨料透水混凝土以其良好的透水性能完美地替代了原始封闭路面，透水路面在降雨过程中充分地发挥了它的优势。在工程应用中，透水路面的铺装结构如图 8-4 所示，可以立体地看到透水路面的结构。

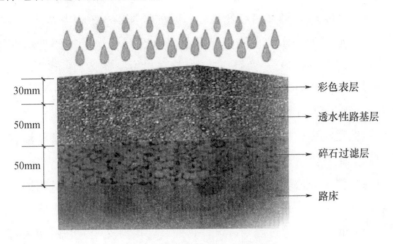

30mm　　→ 彩色表层

50mm　　→ 透水性路基层

　　　　　→ 碎石过滤层

50mm　　→ 路床

图 8-4　透水路面的结构展示图

对于再生骨料透水混凝土应用的现实意义，从经济层面来说，用经过处理后的建筑垃圾再生骨料替代价格高昂的天然碎石，为混凝土的拌制节约了成本。此外，每个城市都有建筑垃圾，如果把这些建筑垃圾都合理利用起来，"自产自销"，将减少大量的运输费用。从环保层面来说，建筑垃圾长期以来都是城市的一个"毒瘤"，再生骨料透水混凝土的出现，可释放城市的土地，为推进城市的进一步发展做出贡献。从社会层面来说，在烈日炎炎的夏日，人们走在城市单调枯燥的路上，不免会生出逃离城市，去往湿地的想法，去感受清风拂面、绿草如茵，现在人们对于城市的要求不再是高楼林立，而是城市生态的健康化、绿色化，再生骨料透水混凝土的铺设对于建设人们理想中的城市湿地有非常重要的意义。另外，每逢雨季，城市内涝问题特别突出，这不仅给市民的出行和生活带来不便，甚至威胁着市民的生命安全。为解决这一问题，在改善城市地下管网排水系统时，用透水路面材料替代路面不透水材料，可以极大地缓解地下排水压力。

再生骨料透水混凝土的实际应用是一个相当复杂的问题，需要长时间的探索。首先，为了使建筑垃圾能够得到合理有效的利用，要及时做好建筑垃圾的分类工作，定点处理，并且需要企业的配合以及专业人员的参与，或者直接纳入开发商的工作流程中，加快建筑垃圾循环利用的步伐。其次，要提高再生骨料的机械化生产效率，将建筑垃圾分类之后进行清洗、破碎、筛分、检测等一系列的处理。最后，将再生骨料应用于实际工程中，强度低的再生骨料可以考虑应用于路面，比如城市的人行道、公园、广场的路面，乡村的村级公路、生产小道等，建筑物或构筑物可以使用高强度的优质再生骨料，甚至也可以考虑使用于建筑物的承重构件中。建筑垃圾经过处理之后成为可使用的再生骨料，然后直接根据需求制备出不同品种的混凝土，尽量做到加工、生产、制备、销售一体化，加快再生骨料的应用。下面介绍一个透水铺装的工程实例，以此来说明再生骨料透水混凝土的实际应用情况。

工程概况：梅河支流生态治理范围为：南水北调中线工程倒虹吸出口—梅河干流（入梅河），长度 6.167km，蓝线宽度约 80m，以桩号 MZ4＋200 为界（商登高速）分为南北两部分。施工范围为南水北调中线工程倒虹吸出口—地下箱涵进口（MZ0＋800）及地下箱涵出口（MZ1＋451）—商登高速（MZ4＋200），长 3549m。

主要工程内容：河道工程、建筑物配套工程、水生态环境营造工程及滨水景观工程等。河道工程包括新河道开挖、地下箱涵、原河道疏浚开挖以及河道护岸防护、下河踏步等修建；拦蓄水建筑物和挡水堰建筑物是建筑物配套工程；水生态环境营造工程包括水生植物种植和生态基槽营造等，规划景观水系总面积 100461 万平方米[22]。

在这项生态工程中，护坡、园路、两岸坡、堤顶等都采用了大量的透水混凝土进行铺设，既起到了防护作用，又兼顾了生态功能。图 8-5 以图片的形式展现了梅河支流生态治理区透水铺装的过程，经过规划、设计、铺装，梅河支流生态治理区前后呈现出不同的景象。

图 8-5　梅河支流生态治理区园路透水铺装过程图

总而言之，应该在日益成熟的技术支撑之下，不断开拓思路，将再生骨料更多地应用于生产实践中。再生骨料透水混凝土的应用对社会发展、人民生活幸福、维持生态平衡有重大意义。

参考文献

[1] CYR M F，SHAH S P. Advances in conrete technology [J]．Advances in Building Technology，2002，1 (1)：17-27.

[2] GHAFOORI N，DUTTA S. Development of no-fines concrete pavement applications [J]．Journal of Transportation Engineering，1995，121 (3)：283-288.

[3] 王武祥. 透水性混凝土路面砖的种类和性能 [J]．建筑砌块与砌块建筑，2003 (1)：17-19.

[4] 李阳. 再生骨料混凝土基本性能试验研究 [J]．混凝土与水泥制品，2015，231 (7)：91-94.

[5] 王强，曹丰泽，于超，等. 钢渣骨料对混凝土性能的影响 [J]．硅酸盐通报，2015，34 (4)：1004-1010.

[6] 董雨明，韩森，郝培文. 路用多孔水泥混凝土配合比设计方法研究 [J]．中外公路，2004，24 (1)：86-89.

[7] 盛燕萍，陈拴发，李占全. 免振捣多孔混凝土工作性研究 [J]．混凝土，2007，214 (8)：37-40.

[8] MEININGER R C. No-fines pervious concrete for paving [J]．Concrete International，1988，10 (8)：20-27.

[9] TENNIS P D，LEMING M L，AKERS D J. Pervious Concrete Pavements [M]．Skokie，IL：Portland Cement Association，2004.

[10] MAROLF A，NEITHALATH N，SELL E，et al. Influence of aggregate size and gradation on acoustic absorption of enhanced porosity concrete [J]．ACI Materials Journal，2004，101 (1)：82-91.

[11] ZAETANG Y，SATA V，WONGSA A，et al. Properties of pervious concrete containing recycled concrete block aggregate and recycled concrete aggregate [J]．Construction and Building Materials，2016，111：15-21.

[12] JOSHAGHANI A，RAMEZANIANPOUR A A，ATAEI O，et al. Optimizing pervious concrete pavement mixture design by using the Taguchi method [J]．Construction and Building Materials，2015，101：317-325.

[13] LOW K，HARZ D，NEITHALATH N. Statistical characterization of the pore structure of enhanced porosity concretes [C]．Concrete Technology Forum. Focus on Sustainable Development，2008.

[14] GHASHGHAEI H T，HASSANI A. Investigating the relationship between porosity and permeability coefficient for pervious concrete pavement by statistical modelling [J]．Materials Sciences and Applications，2016，7 (02)：101.

[15] WANG H，DING Y，LIAO G，et al. Modeling and optimization of acoustic absorption for porous asphalt concrete [J]．Journal of Engineering Mechanics，2016，142 (4)：04016002.

[16] SUOZZO M，DEWOOLKAR M M. Evaluation of strength and hydraulic testing methods of pervi-

ous concrete［J］. Aci Materials Journal，2014，111（1）：23-33.

［17］ ANDERSON I，DEWOOLKAR M M. Laboratory freezing-and-thawing durability of fly ash pervi-ous concrete in a simulated field environment［J］. ACI Materials Journal，2015，112（5）：603-612.

［18］ HOOTON R D. Bridging the gap between research and standards［J］. Cement and Concrete Research，2008，38（2）：247-258.

［19］ NEITHALATH N，MAROLF A，WEISS J，et al. Modeling the influence of pore structure on the acoustic absorption of enhanced porosity concrete［J］. Journal of Advanced Concrete Technology，2005，3（1）：29-40.

［20］ 刘双. 透水混凝土在海绵城市建设中的工程应用［J］. 混凝土世界，2019（01）：87-90.

［21］ 吴金花，韩超. 透水混凝土在海绵城市建设中的应用和应注意的问题［J］. 建材发展导向，2017，15（20）：40-42.

［22］ 吴克雄，钱立兵，覃吉云，等. 海绵城市用透水混凝土的研制与工程应用［J］. 新型建筑材料，2018，45（11）：119-122.

第9章　再生混凝土质量控制与管理

9.1　原材料质量控制

原材料是实现混凝土性能的基础，只有控制好混凝土的原材料质量，合理使用原材料，才能获得性能优良、成本低廉的混凝土。

9.1.1　水泥

水泥在混凝土中的作用可概括为以下几点：①化学作用，水泥与水发生水化反应，生成凝胶体，形成了混凝土的强度和耐久性等物理力学性能；②填充润滑作用，与水形成水泥浆，填充集料间的孔隙，使混凝土拌合物具有良好的工作性能；③胶结作用，包裹在集料表面，通过水泥浆的凝结硬化，将砂、石集料胶结成整体，形成固体；④其他作用，使用特种水泥可以配制出特种性能的混凝土，比如快硬混凝土、耐火混凝土、彩色混凝土等[1]。

《混凝土质量控制标准》（GB 50164—2011）规定水泥的质量控制项目应包括凝结时间、安定性、胶砂强度、氧化镁和氯离子含量，碱含量低于0.6%的水泥主要控制项目还应包括碱含量。中、低热硅酸盐水泥或低热矿渣硅酸盐水泥的主要控制项目还应包括水化热。

北京市政路桥集团所属预制混凝土公司李彦昌、王海波等重点研究影响试验结果或者直接影响混凝土质量的各个方面。

1. 强度控制

强度控制通过水泥胶砂强度试验来进行。在进行水泥胶砂强度试验时，除了应按照标准取样、试验、养护外，还应特别注意以下几种情况。

（1）标准砂的真假。标准砂必须到正规的地方购买，假的标准砂里面含有贝壳、草根等杂物，细度模数也不标准，对水泥强度有影响。

（2）胶砂试体带模养护时，为防止养护箱上面的冷凝水直接滴到胶砂试体上，建议在养护箱顶端加倾斜顶板，将冷凝水引导至试模以外的区域。

（3）试体拆模后养护时，推荐使用恒温养护水槽，以保证养护水温度的均匀。建议用温度计定期校核水槽内的水温。同时为保证水槽内温度的均匀性，建议使用水泵循环养护水。养护期间各试体之间的间隔及试体上表面的水深不得小于5mm。

（4）搅拌叶片和锅壁之间的间隙过大会造成搅拌不均匀，影响检测结果，应每月检查一次；由于试模磨损或组装时缝隙未清理干净，造成尺寸超差，应及时更换。

2. 安定性控制

安定性控制通过饼法和雷氏夹法试验进行。饼法属于定性试验，而雷氏夹法可以准确检测水泥在蒸煮条件下的变形值。

随着水泥生产工艺及控制手段的不断改善，新型干法水泥的安定性大部分合格。但由于安定性是水泥的重要性能指标，使用安定性不合格的水泥会导致混凝土结构的崩塌，因此应按批次进行检测，对于安定性不合格的水泥应退货。

3. 凝结时间控制

凝结时间控制通过凝结时间试验进行。在测定初凝时间时，应轻扶金属杆使其徐徐下降，以防试针撞弯变形，但结果以自由落下为准。

水泥凝结时间影响混凝土的凝结硬化，对凝结时间异常的水泥，如闪凝、假凝、快凝、凝时过长应特别注意，谨慎使用。

4. 细度控制

《通用硅酸盐水泥》（GB 175—2007）规定，硅酸盐水泥和普通硅酸盐水泥的细度以比表面积表示，其比表面积不小于 $300m^2/kg$；矿渣硅酸盐水泥、火山灰质硅酸盐水泥、粉煤灰硅酸盐水泥和复合硅酸盐水泥的细度以筛余表示，其 $80\mu m$ 方孔筛筛余不大于 10% 或 $45\mu m$ 方孔筛筛余不大于 30%。

标准对硅酸盐水泥和普通硅酸盐水泥的比表面积设置 $300m^2/kg$ 的低限，对高限没有控制，当水泥的比表面积很大，达到 $400m^2/kg$ 以上时，尽管水泥是合格的，但这种水泥与外加剂的相容性很差，给混凝土的配制和生产带来很多困难。建议搅拌站在比表面积控制时设置高限[2]。

由于水泥的细度对混凝土质量有显著的影响，建议在标准中对水泥的细度设置合理的控制区间。

9.1.2 矿物掺合料

矿物掺合料是以硅、铝、钙等一种或多种氧化物为主要成分，具有规定细度，掺入混凝土中能改善混凝土性能的粉体材料。掺合料已经成为混凝土必不可少的原材料之一。目前混凝土使用的矿物掺合料主要有粉煤灰、粒化高炉矿渣粉、硅灰、石灰石粉、沸石粉、钢渣粉、钢铁渣粉、复合掺合料等。因篇幅原因，本节重点介绍粉煤灰和粒化高炉矿渣粉的质量控制。

1. 粉煤灰质量控制

《混凝土质量控制标准》（GB 50164—2011）规定粉煤灰的质量控制项目应包括细度、需水量比、烧失量和三氧化硫含量、放射性等，C类粉煤灰的主要控制项目还应包括游离氧化钙和安定性。《矿物掺合料应用技术规范》（GB/T 51003—2014）规定粉煤灰的进场检验项目为细度、需水量比、烧失量、安定性（C 类粉煤灰），要求搅拌站按批次进行试验，同厂家、同规格且连续进场的粉煤灰不超过 200t 为一检验批。

（1）细度。粉煤灰细度应按其等级来控制。早期标准使用 80μm 筛检测细度，因 45~80μm 之间有大量未燃尽的碳粒，不能准确表征混凝土的性能指标，所以后期标准改用 45μm 方孔筛。

① 取样方法。对粉煤灰进行细度试验时，要特别注意取样方法。如果从运输车罐口取样，细度结果代表性较差，有时候出现罐口细度合格，筒仓内细度严重超标的情况。建议采取以下两种方法进行：用取样器，对多个罐口进行取样。取样器上、中、下部分的样品混合均匀后进行细度试验；动态取样。在"吹料开始、中部、尾部"过程中分别取样，混合均匀后试验。这种取样方法最贴合实际情况，试验结果也最容易让双方信服。

② 试验方法。细度试验应筛到筛不下去为止，筛一次就停止可能没有筛分彻底，容易造成误判，也容易引起纠纷。常规的筛析时间为 3min，停机后观察筛余物，如出现颗粒成球、粘筛或有细颗粒沉积在筛框边缘，应用毛刷将细颗粒轻轻刷开，将定时开关固定在手动位置，再筛析 1~3min 直至筛分彻底为止。

③ 湿度控制。粉煤灰较细，吸潮速度很快，因此细度试验本身受环境湿度的影响很大，建议试验过程中使用干燥器，并加快试验速度[3]。

（2）需水量比。需水量比是粉煤灰最重要的质量控制指标，搅拌站应对该指标进行严格的控制。需水量比合格的情况下，可以适当放宽细度要求。

现行的标准规范对粉煤灰需水量比试验所采用的对比水泥规定不一致。《用于水泥和混凝土中的粉煤灰》（GB/T 1596—2017）规定，对比水泥应采用 GSB 14—1510 强度检验用水泥标准样品；《粉煤灰混凝土应用技术规范》（GB/T 50146—2014）规定，需水量比试验用对比水泥样品应符合国家标准《通用硅酸盐水泥》（GB 175—2007）规定的强度等级为 42.5 的硅酸盐水泥或工程实际应用的水泥；《矿物掺合料应用技术规范》（GB/T 51003—2014）规定，需水量比、流动度比、活性指数试验应采用基准水泥或合同约定水泥。

北京市政路桥集团所属预制混凝土公司李彦昌、王海波等认为判定粉煤灰是否合格，应使用产品标准《用于水泥和混凝土中的粉煤灰》（GB/T 1596—2017）。

搅拌站需水量比试验可采用基准水泥或生产用水泥，但两者的结果可能不一致，意义也不尽相同。使用基准水泥目的是评定粉煤灰质量是否合格；生产用水泥主要用于自控，目的是指导搅拌站的实际生产过程的质量控制。

（3）烧失量。烧失量也是衡量粉煤灰质量的重要指标，搅拌站应严格按标准规定的范围进行控制。烧失量试验恒量过程中，应使用干燥器，否则会因样品吸潮而不能恒量。

（4）颜色。粉煤灰的颜色变化反映了厂家的变动或燃煤的品质波动，与粉煤灰质量有直接的联系。

正常粉煤灰的颜色为浅灰色或灰白色。当出现黄色、黑色、白色、红色等颜色变化时，往往预示着粉煤灰质量的波动，需要提高警惕，建议进行退货处理，或立即进行游离氧化钙、需水量比、烧失量等项目的检验，辅助以混凝土试拌进行品质验证，并根据验证结果谨慎使用。

（5）粉煤灰进场快速检验项目

粉煤灰的快速检验项目为细度和需水量比。由于粉煤灰的用量不是特别大，但其质量波动对混凝土质量影响很大，建议进行逐车检验。检验方法及注意事项遵照前文所述[4-5]。

2. 矿粉质量控制

《混凝土质量控制标准》（GB 50164—2011）规定矿渣粉的质量控制项目应包括比表面积、活性指数和流动度比、放射性等。《矿物掺合料应用技术规范》（GB/T 51003—2014）规定矿渣粉的进场检验项目为比表面积、活性指数、流动度比，要求搅拌站按批次进行检验，同一厂家、相同级别且连续进场的矿渣粉，以不超过 500t 为一检验批。

（1）比表面积。矿渣粉的比表面积测试方法按水泥的测试方法进行，应按《水泥比表面积测定方法 勃氏法》（GB/T 8074—2008）标准进行试验，S95 级矿渣粉比表面积宜控制在 400～450m²/kg 之间。

勃氏法主要根据一定量的空气通过具有一定空隙率和固定厚度的粉料层时，所受阻力不同引起流速的变化来测定粉料的比表面积。目前搅拌站基本采用自动勃氏比表面积测定仪进行测定，试验注意事项如下。

① 空隙率选择。矿渣粉空隙率选择 0.530。标准规定 P·Ⅰ 水泥、P·Ⅱ 水泥空隙率取 0.500，其他水泥和粉料的空隙率取 0.530。如有些粉料按此空隙率计算的试样量，在圆筒内的有效体积容纳不下或经捣实后未能充满圆筒和有效体积，可允许改变空隙率。

② 试样应先通过 0.9mm 方孔筛，再在（110±5）℃下烘干，并在干燥器内冷却至室温。

③ 对仪器进行漏气检查，确认不漏气后再使用，保证仪器的气密性。

④ 透气仪的 U 形压力计内颜色水的液面应保持在压力计最下面一条环形刻度上，如有损失或蒸发，应及时补充。

⑤ 试验时穿孔板上下面应与测定体积时方向一致，以防由于仪器加工精度不够而影响体积大小，从而导致结果不一致。

⑥ 穿孔板上的滤纸应与圆筒内径相同，边缘光滑。若穿孔板上的滤纸比圆筒内径小，会有部分试样沿着内壁高出圆板的上部；若穿孔板上的滤纸比圆筒内径大，会引起滤纸皱起，使结果不准。如果使用的滤纸品种质量有波动，或更换穿孔板，应重新标定体积。

⑦ 试料层体积的测定至少要测定二次，每次单独压实，取二次体积差不超过 0.005cm³ 的平均值，并记录测定时的温度。每隔一季度或半年要重新测定其体积。

⑧ 捣实器捣实时，捣器支持环必须与圆筒顶边接触，并旋转 1～2 圈，慢慢取出捣器。

⑨ 在用抽气泵抽气时，不要用力过猛，应使液面徐徐上升，以免水损失。

⑩ 测定时要尽量保持温度不变，以防止空气黏度发生变化影响测定结果。比表面积测定仪要避免阳光直射。

（2）活性指数。应按批次检验矿渣粉的活性指数。

现行的标准规范对矿渣粉活性指数、流动度比试验所采用的对比水泥规定不一致。《用于水泥、砂浆和混凝土中的粒化高炉矿渣粉》（GB/T 18046—2017）规定，对比水泥应为符合 GB 175 规定的强度等级为 42.5 的硅酸盐水泥或普通硅酸盐水泥，且 7d 抗压强度为 35～45MPa，28d 抗压强度为 50～60MPa，比表面积为 300～400m²/kg，SO_3 含量（质量分数）为 2.3%～2.8%，碱含量（$Na_2O + 0.658K_2O$）（质量分数）为 0.5%～0.9%；《矿物掺合料应用技术规范》（GB/T 51003—2014）规定，流动度比、活性指数试验应采用基准水泥或合同约定水泥。李彦昌、王海波等认为判定矿渣粉是否合格，应使用产品标准《用于水泥、砂浆和混凝土中的粒化高炉矿渣粉》（GB/T 18046—2017）规定的对比水泥。

同粉煤灰需水量比试验类似，使用对比水泥（基准水泥）判定矿渣粉质量是否合格，使用合同约定水泥（搅拌站生产用水泥）用于自控，指导实际生产。

（3）流动度比。流动度比试验按照《用于水泥、砂浆和混凝土中的粒化高炉矿渣粉》（GB/T 18046—2017）附表 A.1 胶砂配比和《水泥胶砂流动度测定方法》（GB/T 2419—2005）进行试验，分别测定对比胶砂和试验胶砂的流动度，试验注意事项参考活性指数试验。

（4）烧失量。矿渣粉的烧失量按照《水泥化学分析方法》（GB/T 176—2017）进行，但灼烧时间规定为 15～20min。矿渣粉在灼烧过程中由于硫化物的氧化引起误差，应进行校正，校正过程应执行《用于水泥、砂浆和混凝土中的粒化高炉矿渣粉》（GB/T 18046—2017）。

由于矿渣粉在磨细的过程中通常会加入石膏等添加料，这些添加料对矿渣的烧失量会产生一定的影响。因此矿渣粉在灼烧过程中发生的物理化学变化比较复杂，有时甚至出现越烧越重的情况，应根据实际情况进行分析，保证试验结果的准确性。

（5）颜色。同一厂家的矿渣粉颜色变化非常小，如果有明显的颜色变化，须谨慎使用。好的矿渣粉一般是白色或灰白色的。

颜色变化可能是因为使用了其他厂家的矿渣粉，或者是在粉磨过程中掺入粉煤灰、炉渣、煤矸石、石灰石粉等添加料。

另外，矿渣粉掺假现象比较普遍。可能有以下掺假情况，应在进站检验中加以控制。例如以次充好,将小球磨机生产的比表面积小的矿渣粉,混入立磨生产的 S95 级矿渣粉中;掺石灰石粉,矿渣粉的活性降低,烧失量受到较大影响;掺劣质粉煤灰,导致矿渣粉的活性降低,影响矿渣粉的使用量;掺钢渣粉成为钢铁渣粉,可能引发安定性不良等问题。

9.1.3 骨料

骨料是混凝土的主要组成材料,占混凝土总体积的 70%~80%。骨料在混凝土中既有技术作用,又有经济效果。在技术上,骨料主要起骨架作用,使混凝土具有更好的体积稳定性和更好的耐久性;在经济上,骨料比水泥便宜得多,可作为廉价的填充材料,降低成本。而且骨料易得,可以就地取材,使混凝土应用更广泛。因此,骨料在混凝土中的作用可以简单归纳为以下几点:

① 作为廉价的填充材料,可节省水泥用量,降低成本;

② 在混凝土中起骨架作用、传力作用,影响混凝土强度;

③ 可以提高混凝土的体积稳定性,减小收缩,抑制裂缝扩展;

④ 降低混凝土水化热;

⑤ 提供混凝土耐磨性。

1. 细骨料(砂)质量控制

《混凝土质量控制标准》(GB 50164—2011)规定砂的质量控制项目应包括颗粒级配、细度模数、含泥量、泥块含量、坚固性、氯离子含量和有害物质含量;海砂主要控制项目除应包括上述指标外尚应包括贝壳含量;人工砂(含再生砂)主要控制项目除应包括上述指标外尚应包括石粉含量和压碎值指标,人工砂主要控制项目可不包括氯离子含量和有害物质含量。

《普通混凝土用砂、石质量及检验方法标准》(JGJ 52—2006)规定每验收批砂石至少应进行颗粒级配、含泥量、泥块含量检验。对于海砂或有氯离子污染的砂,还应检验其氯离子含量;对于海砂,还应检验贝壳含量;对于人工砂及混合砂,还应检验石粉含量。对于重要工程或特殊工程,应根据工程要求增加检验项目。对其他指标的合格性有怀疑时,应予检验。使用单位应按砂或石的同产地同规格分批验收,应以 400m³ 或 600t 为一检验批。当砂或石的质量比较稳定、进料量又较大时,可以 1000t 为一检验批。

(1)颗粒级配。再生砂应按《混凝土和砂浆用再生细骨料》(GB/T 25176—2010)的试验方法进行筛分,将粒度控制在相应的区域内。对级配不合理的砂子,可以通过多级配的方式进行调整。

(2)含泥量。含泥量是砂的最重要指标之一,应按标准要求严格控制。有条件的搅拌站应根据不同的含泥量区域,分仓存储,搭配使用。

(3)石粉含量。再生砂的石粉含量应按《混凝土和砂浆用再生细骨料》(GB/T 25176—2010)的试验方法测定。并进行严格的质量控制。

（4）坚固性。对于再生砂而言，坚固性应满足规范要求。

（5）含水率、含石率。含水率、含石率是天然砂变动较大的两个性能参数，应按设定的限值进行严格控制。对于再生砂而言，则差别不大。

（6）砂进场快速检验项目。砂进场快速检验项目为含泥量（石粉含量）、含水率、含石率。根据不同来源、不同供应商等情况，进行逐车检验、规定车次检验或每日检验等。为了达到快速试验的目的，其试验方法与标准试验方法不同。通过电磁炉、微波炉等进行烘干处理后，进行相关试验。

2. 粗骨料（石）质量控制

《混凝土质量控制标准》（GB 50164—2011）规定粗骨料的质量控制项目应包括颗粒级配、针片状颗粒含量、含泥量、泥块含量、压碎值指标和坚固性。用于高强混凝土的粗骨料主要控制项目还应包括岩石抗压强度。《混凝土和砂浆用再生细骨料》（GB/T 25176—2010）规定再生粗骨料还应进行再生微粉、吸水率指标的控制。

《普通混凝土用砂、石质量及检验方法标准》（JGJ 52—2006）规定每验收批砂石至少应进行颗粒级配、含泥量、泥块含量检验。对于碎石或卵石，还应检验针片状颗粒含量。对于重要工程或特殊工程，应根据工程要求增加检验项目。对其他指标的合格性有怀疑时，应予检验。使用单位应按砂或石的同产地同规格分批验收，应以 400m³ 或 600t 为一检验批。当砂或石的质量比较稳定、进料量又较大时，可以 1000t 为一检验批。

（1）级配。应按标准进行级配试验。级配不能满足要求时，尽可能分仓存储，采取多级配措施改善整体级配。如果不能采用多级配措施，可通过提高胶凝材料总量、砂率等措施来保证混凝土的和易性。

（2）含泥量、泥块含量。石子的含泥量、泥块含量一般较少，超标的情况较少。但石子的含泥量、泥块含量超标对混凝土性能影响较大，应按标准规定进行试验并加以控制。含泥量或泥块含量超标时应进行退货处理。

（3）针片状颗粒含量。针片状颗粒含量超标主要影响石子的级配和空隙率，应严格按标准要求进行控制，处理措施可参照石子级配。

（4）吸水率。按《混凝土和砂浆用再生细骨料》（GB/T 25176—2010）规定进行再生粗骨料吸水率测定。

（5）石进场快速检验项目。石进场快速检验项目为含泥量、级配。根据不同来源、不同供应商等情况，进行逐车检验、规定车次频率检验、每日检验等。

同砂的快速检验一样，为了达到快速试验的目的，石进场快速试验方法与标准试验方法不同。通过电磁炉、微波炉等进行烘干处理后，进行相关试验。这些计算结果与标准的试验结果基本一致，用于快速检验生产控制非常有效。

9.1.4　外加剂

混凝土外加剂的研究与应用是继钢筋混凝土和预应力混凝土之后，混凝土发展史上第三次重大突破。混凝土技术的发展，实际是外加剂技术的发展，在外加剂技术的推动下，混凝土材料由塑性、干硬性进入到流态化的第三代。近二三十年混凝土技术的发展与外加剂的开发和使用是密不可分的，外加剂已经成为预拌混凝土必不可少的组分之一，成为水泥、集料、水、掺合料之后的第五组分。

外加剂的应用改善了新拌及硬化混凝土的性能，如改善工作性、提高强度、耐久性，调节凝结时间和硬化速度，获得特殊性能的混凝土。外加剂的作用总体上可以概括为：

① 改善混凝土拌合物的工作性能；

② 加快或延缓凝结时间；

③ 减少放热速率，控制温升；

④ 控制强度增长速率；

⑤ 提高混凝土的长期性能和耐久性能；

⑥ 节约水泥用量，降低成本；

⑦ 获得混凝土的某些特殊性能。

由于混凝土外加剂品种繁多，但应用最为普遍的为减水剂，现以减水剂为例分析其质量控制项目。

《混凝土质量控制标准》（GB 50164—2011）规定，外加剂质量主要控制项目应包括掺外加剂混凝土性能和外加剂匀质性两方面。混凝土性能方面的主要控制项目应包括减水率、凝结时间差和抗压强度比；外加剂匀质性方面的主要控制项目应包括 pH 值、氯离子含量和碱含量。

《混凝土外加剂应用技术规范》（GB 50119—2013）规定了高效减水剂的进场检验项目。高效减水剂应按每 50t 为一检验批，每一检验批取样量不应少于 0.2t 胶凝材料所需用的外加剂量。高效减水剂进场检验项目应包括 pH 值、密度（或细度）、含固量（或含水率）、减水率。缓凝型高效减水剂还应检验凝结时间差。高效减水剂进场时，初始或经时坍落度（或扩展度）应按进场检验批次采用工程实际使用的原材料和配合比与上批留样进行平行对比试验，其允许偏差应符合国家标准《混凝土质量控制标准》（GB 50164—2011）的规定。

（1）pH 值。《混凝土外加剂》（GB 8076—2008）规定，高效减水剂的 pH 值应在生产厂控制范围内。

（2）密度（或细度）。《混凝土外加剂》（GB 8076—2008）规定，当高效减水剂密度 $D>1.1 \mathrm{g/cm^3}$ 时，应控制在 $(D \pm 0.03)$ $\mathrm{g/cm^3}$；当 $D \leqslant 1.1 \mathrm{g/cm^3}$ 时，应控制在 $(D \pm 0.02)$ $\mathrm{g/cm^3}$。

（3）含固量（或含水率）。《混凝土外加剂》（GB 8076—2008）规定，高效减水剂含固量 $S>25\%$ 时，应控制在 $0.95S \sim 1.05S$；$S \leqslant 25\%$ 时，应控制在 $0.90S \sim 1.10S$。

（4）减水率。《混凝土外加剂》（GB 8076—2008）规定，高效减水剂的减水率应不小于 14%。

9.2　生产过程质量控制

9.2.1　生产环节质量控制

1. 上料

上料方式不一，不过大多数使用铲车上料。上料过程看似简单，但如果实际操作不当，也会对混凝土质量稳定性造成影响。铲车司机要跟操作工密切联系，根据要求上料。对于特殊材料的上料，应有质检员或其他技术人员现场监督铲车司机的上料。

铲车上料时要离地铲取，不要铲底。因为底部往往存有泥水和较多含量的石粉或泥粉，对于混凝土出机质量影响很大。新来的砂子含水率与库存砂差距较大，因此尽量不要上新砂，在原材料紧张需要使用时，一定要提前通知操作工。应有足够大或足够多的砂仓，保证砂事先存储一段时间，待含水量稳定后再使用。或者通过预均化等措施，均化砂的质量。

2. 计量

原材料计量应采用电子计量设备，计量设备应能连续计量不同混凝土配合比的各种原材料，并应具有逐盘记录和储存计量结果（数据）的功能。

计量设备应具有法定计量部门签发的有效计量证书，并应定期校验。应每月至少进行一次原材料计量设备的自校。计量设备的精度应符合《建筑施工机械与设备　混凝土搅拌站（楼）》（GB/T 10171—2016）的有关规定。

3. 搅拌

搅拌机目前大多数为强制式，正常情况下可以保证混凝土拌合物质量均匀，但应及时清理影响搅拌均匀性的混凝土残留块，随时保证搅拌机内部的清洁。同时应经常检查搅拌机衬板、搅拌臂等部件，防止因磨损造成的间距过大等影响混凝土均匀性。

（1）常见的投料方式。投料方式是指混凝土搅拌时原材料投料的顺序以及间隔时间。投料方式根据搅拌机的技术条件和混凝土拌合物质量要求，通过试验确定投料顺序、数量及分段搅拌的时间等工艺参数。

《混凝土结构工程施工规范》（GB 50666—2011）列举了四种常用的投料方法：先拌水泥净浆法、先拌砂浆法、水泥裹砂法和水泥裹砂石法等。

① 先拌水泥净浆法是指先将水泥和水充分搅拌成均匀的浆体，再加入砂和石拌制成混凝土。

② 先拌砂浆法是指先将水泥、砂和水投入搅拌机内进行搅拌，成为均匀的砂浆后，再加入石子搅拌成均匀的混凝土。

③ 水泥裹砂法是指先将全部砂子投入搅拌机中，并加入总拌合水量 70% 左右的水（包括砂子的含水量），搅拌 10～15s，再投入胶凝材料，搅拌 30～50s，最后投入全部

石子、剩余水及外加剂，再搅拌一定时间后出机。

④ 水泥裹砂石法是指先将全部的石子、砂和70％拌合水投入搅拌机，拌和15s，使集料润湿，再投入全部胶凝材料，搅拌30s左右，然后加入30％拌合水，再搅拌60s左右即可。

搅拌站比较常用的投料方式类似于水泥裹砂法，区别在于外加剂和水事先搅拌均匀后一次性加入。即先将外加剂放入水罐中混合均匀，然后将水、外加剂和砂一起投入搅拌机中搅拌均匀，再投入胶凝材料搅拌15s左右，最后加入石子搅拌一定时间后出机。

冬期施工时，必须先将热水和集料进行搅拌，然后投入胶凝材料等共同搅拌，以免热水与胶凝材料直接接触产生质量问题。因此须使用水泥裹砂法或水泥裹砂石法。

（2）搅拌时间。搅拌时间应满足搅拌设备说明书的要求，保证混凝土搅拌均匀，不能过短或过长，并不应少于30s（从完全投料完算起）。根据表9-1的规定，一般搅拌站使用的2m³以上的搅拌机，其搅拌时间均要大于60s。

表9-1 混凝土搅拌的最短时间

混凝土坍落度（mm）	搅拌机机型	搅拌机出料量（L）		
		<250	250~500	>500
≤40	强制式	60	90	120
>40 且<100	强制式	60	60	90
≥100	强制式	60		

（3）搅拌过程。搅拌过程中，操作工应根据搅拌机电流、过程放料检验等手段，观察混凝土的性能。

① 搅拌电流。搅拌机的电流显示值是判断混凝土坍落度的重要指标之一。有经验的操作工往往通过电流值就可以判断出混凝土坍落度的大小，并确定放料时间。因此，建议对各种配合比的搅拌过程电流值进行统计汇总，供操作工参考。

搅拌电流对于特殊混凝土搅拌过程的质量控制尤其重要，如自密实混凝土、高强度等级混凝土等。

② 过程中放料检验。在搅拌机下料口附近应搭建平台，方便操作工或质检员放料取样进行检测。并根据混凝土状态对本盘混凝土进行调整，同时对下一盘的施工配合比进行调整，保证整车混凝土的匀质性。对于检验完毕的混凝土，可以方便地投入罐车中，不造成浪费。

4. 放料

混凝土搅拌均匀达到要求的出机坍落度时，即可放料。建议对放料过程进行监控存储，以便操作工和质检员进行实时观察和追溯。

搅拌运输车在装料前应将搅拌罐内积水或剩余混凝土排尽。尤其在生产小方量混凝土时（如低于4m³时），必须在放料前进行检查，以避免罐内的存水造成混凝土坍落度过大或离析。

5. 混凝土搅拌匀质性判断

混凝土搅拌质量控制指标即同一盘混凝土的搅拌匀质性应符合下列规定：

（1）混凝土中砂浆密度两次测定值的相对偏差不应大于 0.8%。

（2）混凝土稠度两次测定值的差值不应大于混凝土拌合物稠度允许偏差的绝对值。

目前多数搅拌站对这两个指标关注不够，多用经验来判断搅拌的匀质性，其客观性较差。因此建议新搅拌机或怀疑搅拌质量出现波动时，对搅拌机的搅拌质量控制指标进行检验。

9.2.2　常见质量问题及处理措施

混凝土拌合物常见的质量问题有，坍落度偏小、坍落度偏大、坍落度经时损失大、坍落度后返大、离析、泌水、泌浆等。本节将对这些质量问题的特点、原因和调整措施进行讲述，以帮助技术人员科学、正确、快速地处理。

1. 坍落度偏大

坍落度偏大是指混凝土的出机坍落度明显大于开盘要求的坍落度。

坍落度偏大会导致混凝土到工地超过要求的范围，容易发生离析、泌水等质量问题。在浇筑斜屋面等特殊部位时，坍落度偏大会造成无法顺利浇筑；浇筑地面混凝土时，坍落度偏大会造成上部浮浆过多，表面强度低而易起灰。

（1）发生的原因及调整措施。

① 砂石含水率变高。砂石含水率突然变高，超过生产用含水率，导致实际用水量超标。应及时测定砂石含水率，按实际的砂石含水率进行生产；应急情况下，可以根据经验或者根据生产时留下的水量，先提高砂石含水率生产，等实际结果出来后再采用实际含水率生产；生产过程中发现坍落度偏大时，要及时通知质检员进行处理，下一盘可手动留水，减小坍落度。

② 原材料品质变好。原材料品质突然变好，导致外加剂用量偏高。原材料变好的情况主要有粉煤灰需水量比降低、砂含泥量降低、砂石级配改善等。应降低外加剂用量，并追踪该车混凝土的坍落度损失情况。

③ 外加剂减水率增大。新进的外加剂减水率增大，未及时降低外加剂配比用量。应降低外加剂掺量，取样对外加剂减水率等指标进行检测，进行混凝土实际生产用配合比试拌验证，确定最终的外加剂掺量。

如果出场检测时发现坍落度偏大，对该车混凝土可加入一定量的同配比干料（去掉水和外加剂），快速搅拌均匀，检测坍落度合格后方出站。后续生产应按照上述措施调整。检测合格后正常生产。

（2）预防措施。

① 砂石含水率变化的预防措施。混凝土骨料含水率变化是影响混凝土质量的重要因素，很难在混凝土生产过程中对骨料含水率变化情况进行准确调控。应采取有效措施

防止砂石含水率突然变大造成坍落度偏大。

a. 应采取措施保证砂石含水率的稳定性。建造大棚等遮雨措施是最有效的手段。

b. 配备足够大的料仓，将砂子存放一段时间，待其含水率稳定后再使用。

c. 新上的砂子含水率往往偏高且不稳定，尽可能停留一段时间，待其含水率基本稳后再使用。

② 其他原材料变化的预防措施。

a. 加强原材料进场质量检验，对于出现的品质变化要及时通知质检人员。

b. 进场外加剂要进行密度检验、平行对比试验等，确保进场外加剂质量稳定。

c. 定期试拌，掌握原材料质量变化对混凝土坍落度的影响情况。

2. 坍落度偏小

坍落度偏小是指混凝土的出机坍落度明显小于开盘要求的坍落度。

坍落度偏小会导致混凝土到工地低于要求的范围，降低混凝土的浇筑速度，容易发生堵泵、振捣收面困难等质量问题。在浇筑墙体等部位时，如果振捣不充分，混凝土填充密实性不好，容易造成空洞等质量问题。

(1) 发生的原因及调整措施。

① 砂石含水率变低。砂石含水率突然变低，低于生产用含水率。应及时测定砂石含水率，按实际的含水率进行生产；应急情况下，可以根据经验或者根据生产时增加的水量，先降低砂含水率生产，等实际结果出来后采用实际含水率生产；生产过程中发现坍落度偏小时，要及时通知质检员进行处理，可在下一盘手动增加外加剂用量，以增大坍落度。

② 原材料品质变差。原材料品质突然变差，导致生产用的原外加剂用量偏低。原材料变差的情况主要有粉煤灰需水量比增大、砂含泥量增高、砂石级配变差、矿粉比表面积增大、水泥成分变化等。应提高外加剂用量，并追踪该车坍落度损失情况。

③ 外加剂减水率减小。新进的外加剂减水率变小，未及时提高外加剂配比用量。应对外加剂的减水率等指标进行检测，并进行混凝土实际生产用配合比试拌验证，确定最终的外加剂掺量。

如果出场检测时发现坍落度过小，对该车混凝土可加入一定量的同配比净浆（去掉砂、石），快速搅拌均匀，坍落度检测合格后出站。后续生产可按照上述措施调整，检测合格后正常生产。

(2) 预防措施。预防混凝土坍落度偏小的措施与预防混凝土坍落度偏大的措施一致。

3. 泌水

混凝土在浇筑完成后，随着固体颗粒下沉，水分上升，在表面析出水分，这就是通常所说的泌水现象。

泌水的原因是各组分自身的密度和颗粒大小不同，在重力和外力（如振动）作用下有相互分离导致不均匀的自动倾向。混凝土各组成材料中水的相对密度最小，水有从拌合物中分离出去的趋势，通过混凝土内部的许多毛细孔道析出到混凝土表面。

泌水影响混凝土泵送性能，降低混凝土的密实性。随着混凝土流动性的提高，坍落度越来越大，混凝土更容易出现泌水。

事故案例：2001 年前后，北京多家搅拌站使用某 P·O 42.5 水泥配制的混凝土出现大面积泌水现象，混凝土入模状态良好，但静置一段时间后混凝土冒出大量清水。后深入分析原因，发现是由水泥生产时掺加过量石灰石粉所致。

(1) 泌水程度及其危害。

① 微量泌水。微量的泌水不一定是有害的，只要在泌水过程中不受到搅乱，任其蒸发，可降低混合料的实际水胶比，防止混合料表面干燥，便于收面养护工作。

② 少量泌水。少量的泌水会使混凝土表面水胶比加大，从而降低表面强度，甚至出现混凝土表面粉尘化（起粉或起砂）。在地面、顶板、底板等平面结构更容易发生起粉或起砂现象；竖向结构泌水时，应进行剔凿处理。

③ 严重泌水。严重的泌水会在混凝土内部形成泌水通道，在钢筋下方形成水泡，硬化后成为空隙，出现弱粘结地带，降低对钢筋的握裹强度，造成钢筋锈蚀。上升的水在其后留下水的通道，降低了混凝土的抗渗性和抗冻性，影响混凝土结构的耐久性。

如果混凝土是分层浇注，若不设法除去面层上的这些泌水或浮浆，会损害各层混凝土之间的粘结强度。

④ 滞后泌水。混凝土浇筑后的 1~2h 内出现大量泌水的现象一般称为滞后泌水。滞后泌水会造成平板结构混凝土表面出现大量的水，造成混凝土匀质性下降、表面强度低、起粉等一系列问题，同时混凝土底部也会产生粘模、露石、露砂等问题。墙柱等竖向结构模板的交界面上，泌水会带走一部分水泥浆，墙面会出现砂纹（或砂线）现象。

(2) 预防措施。混凝土各组成材料密度不同，沉降速度必然不同，因此要完全避免离析和泌水是不可能的。而且适量的泌水有时也是施工过程所必需的，比如顶板混凝土适量泌水对混凝土表面水分的蒸发是一个补充，可减少混凝土的塑性收缩。但要避免对混凝土质量有害的、过大的离析和泌水。

① 改善集料级配。改善集料级配可以降低空隙率，提高混凝土的密实性；人工砂的石粉会改善泌水；砂率增大会改善泌水。注意人工砂石粉含量和砂率都有一个最佳的数值。

② 选用优质掺合料。优质粉煤灰会改善混凝土的泌水，提高保水性。矿渣粉掺量过大时，混凝土泌水趋势增大，造成和易性变差。对于比较严重的泌水，掺加硅灰是最有效的措施。

③ 适当增加水泥用量。一般情况下，水泥量增加会改善混凝土的泌水。碱含量和 C_3A 含量高的水泥保水性较好，因而混凝土拌合物泌水性好，但混凝土坍落度损失会加大。

④ 复配外加剂改善泌水。外加剂是改善混凝土泌水的有效手段。可以通过复配引气剂、增稠剂等组分，改善混凝土的黏聚性，以减少泌水的可能。混凝土中掺入适量的引气剂或者外加剂中复配适量引气剂，可在混凝土中引入大量微小气泡，阻断水泌出表面的毛细孔通道，从而有效降低泌水。

4. 泌浆

在混凝土拌合物中，集料下沉，浆体上浮，从拌合物中分离出去，在表面形成一层厚厚的浮浆，没有石子，这种现象叫作泌浆。泌浆的厚度一般在几厘米至十几厘米，经常出现在聚羧酸系高性能减水剂混凝土中。这是因为聚羧酸混凝土的黏聚性要优于萘系混凝土，在聚羧酸外加剂掺量较高时，混凝土最开始的表现不是泌水，而是泌出大量浆体。

泌浆严重影响混凝土的匀质性，会造成混凝土上下收缩不一致，产生裂缝。同时泌浆在混凝土表面形成一层较厚的浆体，该浆体富含水泥，混凝土收缩增大，增加了混凝土开裂的危险。

5. 离析

离析就是粗集料颗粒从拌合物中分离出去，表现为石子外露，不挂浆，水从石子周围分离出来，成为黄浆。相对于泌水、泌浆，离析对混凝土的危害更大。离析会严重影响混凝土的密实度，造成堵泵的情况，严重降低混凝土强度，因此应竭力避免混凝土发生离析。

（1）离析的形式。离析一般有两种形式，一种是粗集料从拌合物中分离，因为它们比细集料更易于沿着斜面下滑或在模内下沉；另一种是稀水泥浆从混合料中淌出，这主要发生在流动性强的混合料中。

需要特别注意的是，使用最新的聚羧酸系高性能减水剂生产混凝土时，如果减水剂掺量过高，也会发生"类似离析"的现象，表现为石子外露，不挂浆。这是聚羧酸外加剂掺量过高的典型表现，此时需要降低聚羧酸的用量，而不能依照萘系混凝土的提高外加剂掺量的方式进行调整。因此建议在混凝土试配时进行专门的聚羧酸外加剂掺量变化试验，以掌握聚羧酸混凝土拌合物的性能特征。

（2）离析的原因。混凝土是一种多组分非匀质性材料，各组成材料的密度、大小不同，密度高的颗粒受重力作用具有下沉的趋势，当混凝土的黏聚性不足时，混凝土就会发生明显的各组分分离现象。由此看来，混凝土自身就有离析、泌水或泌浆的趋势，混凝土离析是不可避免的，但我们可通过调整配合比尽量降低离析的程度，直到观察不到明显的离析。

（3）预防措施。改善混凝土泌水、泌浆的措施同样适用于预防混凝土的离析。例如级配良好的集料、优质的掺合料、高水泥用量、复配外加剂等。

混凝土拌合物的离析与泌水现象都与混凝土的黏聚性有关。当混凝土的黏聚性较差时，混凝土中各组分就会因相对密度不同而发生分离，因此要解决混凝土的离析和泌水现象，必须从提高混凝土的黏聚性入手。比如，采取降低混凝土单方用水量、增加胶凝材料总量、增加砂率等措施。

在解决实际问题时这些措施不宜简单、孤立地运用，而是应该根据实际情况综合运用，才能达到最佳效果。比如某一搅拌站在配制低强度等级混凝土时，由于当地没有细砂，配制的混凝土的黏聚性很差，生产和浇筑过程中常常出现混凝土的离析和泌水现象，这时就应当根据当地的实际情况，通过提高单方用水量、增加砂率、增加粉煤灰掺量、降低减水剂用量、选用粒径较小或使用多级配石子等综合手段，并进行对比试验加以解决。

9.3　施工过程质量控制

混凝土的施工过程包括输送、浇筑、振捣、收面、养护、拆模等。输送环节在本书第 4 章 4.4.3 节已经有相应描述，在此不再继续展开。

9.3.1　浇筑

1. 浇筑前注意事项

（1）混凝土浇筑前，应清除模板内以及垫层上的杂物。

（2）表面干燥的地基土、垫层、木模板具有吸水性，会造成混凝土表面失水过多，容易产生外观质量问题，因此应事先浇水润湿。

（3）模板、钢筋、保护层和预埋件的尺寸、规格、数量和位置，其偏差值应符合国家标准《混凝土结构工程施工质量验收规范》（GB 50204—2015）的有关规定。

（4）模板支撑的稳定性以及接缝的密合情况，也影响混凝土质量，如模板失稳或跑模会打乱混凝土浇筑节奏，影响混凝土质量；支模质量差对混凝土外观质量有直接影响；顶板支撑刚度不够，会造成顶板不均匀沉降产生裂缝，甚至坍塌。

（5）应根据季节和气温，对泵管采取保温或隔热措施。

2. 浇筑方式

（1）混凝土应一次连续、分层浇筑。上层混凝土应在下层混凝土初凝之前浇筑完毕。

（2）浇筑竖向尺寸较大的结构时，应分层浇筑，每层浇筑厚度宜控制在 300～350mm。厚度过大不利于混凝土的振捣，会造成混凝土气泡不易排出，影响混凝土强度和外观质量。

3. 浇筑时间

混凝土运输、输送入模的过程应保证混凝土连续浇筑。为了更好地控制混凝土质量，混凝土还应以最少的运载次数和最短的时间完成运输、输送入模过程。

混凝土从运输到输送入模的延续时间应符合表 9-2 的规定，可作为通常情况下的时间控制值。混凝土运输过程中会因交通等原因产生时间间歇，运输到现场的混凝土也会因为输送等原因产生时间间歇，在混凝土浇筑过程中也会因为不同部位浇筑及振捣工艺要求减慢输送产生时间间歇。应根据设计及施工要求，通过试验确定允许时间。混凝土浇筑过程中，因暴雨、停电等特殊原因无法继续浇筑的，或混凝土总间歇时间超过限值时，可临时留设施工缝。

表 9-2　运输到输送入模的延续时间　　　　　　　　　　min

条件	气温	
	≤25℃	>25℃
不掺外加剂	90	60
掺外加剂	150	120

搅拌站多数采用缓凝型的外加剂，因此建议通过不同条件下混凝土凝结时间以及坍落度经时损失情况来确定延续时间和间歇时间限值。

试配时应进行标准条件和同条件的凝结时间试验，生产过程中应进行同条件凝结时间的验证。大体积混凝土应考虑大体量条件下温升和水泥水化反应的相互促进作用情况，充分延长凝结时间。坍落度经时损失应控制在合理的范围内，以保证混凝土的流动性，并应设定科学的现场调整方法，对损失过大的混凝土进行调整，在时间限值内完成浇筑。

4. 布料

混凝土浇筑时布料要均衡，应能使布料设备均衡而迅速地进行混凝土下料浇筑，同时避免集中堆放或不均匀布料造成模板和支架过大的变形。布料设备是指安装在输送泵管前端，用于混凝土浇筑的布料机或布料杆等。

布料时应采取减少混凝土下料冲击的措施，使混凝土布料点接近浇筑位置，采用串筒、溜槽、溜管等辅助装置可以减少混凝土下料冲击，其下料端的尺寸只需比输送泵管或布料设备的端部尺寸略大即可，如果端口直径过大或过宽，反而容易造成混凝土浇筑离析。

5. 倾落高度

混凝土浇筑倾落高度是指浇筑结构的高度加上混凝土布料点距本次浇筑结构顶面的距离。应注意造成混凝土浇筑离析的关键步骤，例如混凝土下料方式、最大粗集料粒径以及混凝土倾落高度等。实践证明，泵送混凝土采用最大粒径不大于 25mm 的粗集料，且混凝土最大倾落高度控制在 6m 以内时，混凝土不会发生离析。柱、墙模板内的混凝土布料时，应注意倾落高度。当混凝土自由倾落高度大于 3.0m 时（石粒径>25mm）或 6m（石粒径≤25mm）时，宜采用串筒、溜管或振动溜管等辅助设备，以保证混凝土的均匀性。

6. 砂浆处理

润泵砂浆应采用集料斗等容器收集后运出，不得用于结构浇筑。

接茬砂浆应采用同配合比混凝土的去石配合比生产，去石配合比生产时应适当减少用水量和外加剂用量，保证砂浆的稠度。接浆层厚度不应大于 30mm，接茬砂浆泵出后应分散均匀布料，不得集中浇筑在一处。

9.3.2 振捣

混凝土的振捣过程实质上是把夹杂在混凝土内的空气排除出去而得到尽可能致密结构的过程。搅拌施工过程中夹杂进去的大气泡约占 1%，其孔径大，对混凝土的强度不利，充分的振捣可以有效减少其数量，提高混凝土密实度。

振捣应能使模板内各个部位混凝土密实、均匀，不应漏振、欠振或过振。混凝土漏振、欠振影响混凝土密实性；过振容易造成混凝土离析泌水，粗集料下沉，水浮到粗集料的下方和水平钢筋的下方，混凝土硬化后会在这些部位留下孔隙，这些孔隙减弱了粗集料的界面粘结力和与钢筋的粘结强度，成为混凝土中的薄弱点，产生不均匀的混凝土结构。

1. 振捣工具及振捣方式

混凝土振捣工具有插入式振捣棒、平板振动器或附着式振动器。一般结构混凝土通常使用振捣棒进行插入振捣，尤其是竖向结构以及厚度较大的水平结构振捣；对于厚度较小的水平结构或薄壁板式结构可采用平板振捣器进行表面振捣，也用于配合振动棒辅助振捣结构表面；竖向薄壁且配筋较密的结构或构件可采用附壁式振动器进行附壁振动，通常在装配式结构工程的预制构件中采用，在特殊现浇结构例如自密实二衬混凝土中，也可采用附着式振动器。

2. 振捣注意事项

（1）振捣工艺。应按分层浇筑厚度分别进行振捣，振动棒的前端应插入前一层混凝土中，插入深度不应小于 50mm，以保证两层混凝土间能进行充分的结合，使其成为一个连续的整体；振动棒应垂直于混凝土表面，并快插慢拔，均匀振捣。

（2）振捣时间。振捣时间要适宜，避免混凝土密实不够或分层。当混凝土表面无明显缺陷、有水泥浆出现、不再冒气泡时，应结束该部位的振捣。例如可按拌合物坍落度和振捣部位等不同情况，控制在 10～30s 内。大坍落度混凝土应防止混凝土泌水离析或浆体上浮，振捣后的混凝土表面不应出现明显的浮浆层。对于坍落度较小的混凝土构件可适当延长振捣时间，当混凝土拌合物表面出现泛浆，基本无气泡溢出，可视为捣实。

（3）振捣对底板混凝土强度有重要的影响。对于一些施工过程管理不严的底板浇筑通常是这样的：混凝土靠自然流淌进行分层，混凝土从出泵口出来后长时间固定在一处，操作人员用振捣棒振动和推动混凝土向远处流淌，混凝土从出泵口到底板低端自然形成了一个斜面。由于浇筑的不连续性，这个斜面浇筑一层后，过几十分钟或更长时间再浇筑下一层，这样就形成了一层压一层像"千层饼"一样的结构，各层之间尽管不会出现冷缝，但会有一个明显的界限，上层混凝土流淌过程中会将气泡裹挟在上下层混凝土的界面上，形成混凝土强度的薄弱环节。这种情况下，如果经过正常的振捣，界面会消失，气泡会排出，并不影响混凝土强度。如果完全不振捣或振捣不到位，混凝土强度会大大降低。

9.3.3 收面

收面又叫抹面，一般在混凝土初凝之前完成。收面是控制混凝土塑性收缩裂缝的重要手段之一。

混凝土抹面时，应至少进行两次搓压，最后一次搓压要把握恰当的时机，在混凝土泌浆结束、初凝前完成，可以防止混凝土表面起粉、塌陷。必要时应进行二次以上的搓压，以减少混凝土的沉降及塑性干缩产生的表面裂缝。

9.3.4 养护

混凝土养护是水泥水化及混凝土硬化正常发展的重要条件，浇筑后应及时进行保湿养护。混凝土养护是降低失水速率（补充水分），防止混凝土产生裂缝，确保达到混凝土各项力学性能和耐久性能的重要措施。若混凝土养护不好会造成混凝土强度低、裂缝、碳化大等一系列问题，必须充分重视养护工作。

1. 养护方式

混凝土施工可采用洒水、覆盖保湿、喷涂养护剂、冬季蓄热养护等方法进行养护。这些养护方式可单独使用，也可以同时使用，应根据工程实际情况合理选择。

（1）洒水养护。洒水养护宜在混凝土裸露表面覆盖麻袋或草帘后进行，也可采用直接洒水、蓄水等养护方式。混凝土洒水养护应根据温度、湿度、风力情况、阳光直射条件等，观察不同结构混凝土表面，确定洒水次数，确保混凝土处于饱和湿润状态。当日最低温度低于5℃时，不应采用洒水养护。

（2）覆盖养护。覆盖养护宜在混凝土裸露表面覆盖塑料薄膜、塑料薄膜加麻袋、塑料薄膜加草帘进行。塑料薄膜应紧贴混凝土裸露表面，塑料薄膜内应保持有凝结水。

覆盖养护是通过混凝土的自然温升在塑料薄膜内产生凝结水，从而达到湿润养护的目的。同时薄膜可以阻止混凝土水分因风吹日晒而从表面蒸发。覆盖养护可以预防混凝土早期失水，是非常好的养护措施。

（3）喷涂养护剂养护。养护剂是一种涂膜材料，喷涂于混凝土表面，形成致密的薄膜，与空气隔绝，水分不再蒸发，从而利用自身水分最大限度地完成水化作用，达到养护目的。养护剂按成膜材料分有：水玻璃类、乳化石蜡类、氯乙烯-偏氯乙烯共聚乳液类、有机无机复合胶体类。养护剂水溶性强，下雨前不宜喷刷；要及时喷涂养护剂；喷涂完养护剂后混凝土表面不能受潮，一般夏季0.5h成膜，冬季3h成膜。

由于现场条件下养护剂的效果不易评价，因此在选择养护剂时，应进行实际对比试验，以选择效果好的养护剂。但由于部分施工人员操作技能不达标或缺乏责任心，涂刷（喷涂）养护剂造成成本大幅上涨，以及某些混凝土部位表面并不适合使用养护剂等因素，养护剂的实际应用面不广，应用效果不尽如人意。

（4）新型养护技术。目前，新型养护技术有内养护剂养护和减蒸剂养护两种。

混凝土内养护剂是一种新型的养护剂，为直接掺入混凝土中的高吸水性物质，可明显地提高混凝土保水性。内养护剂将混凝土中的自由水吸附到自身分子内部，从而减少自由水的蒸发量。随着水化反应的进行，高吸水性物质将释放出其吸附的自由水供水泥继续水化，提高混凝土后期强度增长幅度。

减蒸剂（混凝土水分蒸发抑制剂）应在振捣找平后立刻进行喷洒。减蒸剂主要利用两亲性化合物在混凝土表面形成单分子膜来降低水分蒸发，大幅度减少由于失水过快而引起的混凝土塑性收缩开裂、结壳和发黏等现象，从而达到改善混凝土质量、提高服役性能的目的。适用于蒸发速率大于泌水速率的塑性混凝土表面（尤其在高温、大风和低湿等恶劣环境条件），以及大面积摊铺（如机场）和大尺寸薄板（如楼面、桥面）混凝土塑性阶段的养护。

2. 养护时机

传统观念上，混凝土的养护是在浇筑完毕，首次抹面后开始进行的。但对于现代混凝土的养护，因为水胶比低、用水量少以及矿物掺合料用量大等，应尽量缩短浇筑完毕和养护开始之间的时间间隔，减少混凝土裸露时间，以控制混凝土温湿度。应尽可能边浇筑边养护，越早进行养护，养护效果越好。

对于一些强度等级较高、用水量较低的混凝土，对浇筑的混凝土振捣抹平后应立即覆盖，减少混凝土表面失水。二次抹面时应边揭覆盖物边抹面，抹完面立即覆盖。这种混凝土的养护以覆盖减少失水为主，只要不失水，混凝土的裂缝就能得到很好的控制。虽然洒水养护更好，但由于这种混凝土其拌合物的密实度已经很高，外界的水很难进入混凝土内部，因此防止其失水效果更好。

3. 养护周期

养护周期也是影响水泥水化程度的重要因素之一。潮湿养护期越长，混凝土强度越高。完全潮湿养护、潮湿养护一定龄期后暴露于空气中、不养护等几种养护情况对混凝土的强度发展有不同的影响。不同养护温度下，养护时间不同，混凝土强度发展也不同。

养护应该从尽可能早的时间开始。养护应持续一段时间，一般规定为 7~14d。

北京市政路桥集团所属预制混凝土公司李彦昌、王海波等曾经对 C70 超早强抗扰动混凝土，在浇筑拉平时即覆盖养护，几乎没有可见裂缝。由于强度发展太快，如果等到用抹刀收面后再覆盖，则裂缝已经开始形成，二次抹面起不到作用。预拌混凝土掺加了大量的掺合料，应适当延长养护时间，以利于混凝土的水化进程。

4. 养护温度和养护湿度

（1）养护温度。温度升高对水泥水化反应起着加速作用，负温下水泥水化几乎停止。必须保证混凝土的养护温度，控制好混凝土的内表温差，并做好保温工作。

（2）养护湿度。水泥的水化只有在饱和条件下方能充分地进行。当毛细管中水蒸气压力降至饱和湿度的 80% 时，水泥的水化几乎停止，因此养护湿度是影响水泥水化程度的重要因素之一，对强度影响十分显著。对于一些薄壁结构，更需要潮湿养护，因为薄壁混凝土毛细管水很容易蒸发，导致混凝土水化减慢或停止。同时混凝土干燥收缩会造成过渡区界面缝的扩展，进一步降低了混凝土的强度。

养护湿度对混凝土的收缩影响很大，暴露在风中的混凝土收缩要远远大于干养护的混凝土。干养护（相对湿度一般低于 50%）时，混凝土收缩较湿养护大一倍。因此必须保证养护的湿度，提供混凝土的水化所需要的水，减少混凝土的收缩。

9.3.5 拆模

1. 承受荷载时间

混凝土在未达到一定强度时，踩踏、堆放荷载、安装模板及支架等会破坏混凝土的内部结构，导致混凝土产生裂缝。一般要求混凝土强度达到 1.2MPa 以上方可承受荷载。底模或支架拆除过早，会使上面结构荷载和施工荷载对混凝土结构造成伤害的可能性增大。

2. 拆模注意事项

模板支撑拆除应有强度依据。对于早拆模板的情况，必须根据留置的同条件试件强度确定拆模时间。一般情况下，顶板混凝土的拆模要达到 100% 的强度方可进行。柱子在养护 2d 之后可拆模，但应立即进行养护。墙体混凝土可适当延长拆模时间，避免在混凝土水化热温升最高时进行拆模，防止出现温差裂缝。

模板早拆时，可参考《模板早拆施工技术规程》（DB 11/694—2009）的方法。

应尽量避开在大风天气或混凝土表面温度过高时拆模，建议选择一天中大气温度较高时拆模，以降低混凝土表面与大气温差。

9.4 特殊过程（冬期施工）质量控制

9.4.1 冬期施工的期限划分

我国的气候属于大陆性季风气候，在秋末初冬和冬末初春这两个季节交替时节，常有寒流突袭，造成气温骤降 5～10℃，气温会骤降至 0℃ 以下。因此为了防止气温骤降造成新浇筑的混凝土发生冻伤，当气温低于 0℃ 或预计将低于 0℃ 时，应按冬期施工要求采取应急防护措施，以防止混凝土遭受冻害。临近冬施期间预拌混凝土企业应当密切关注气象变化，指定专人负责室外气温的测温工作，同时提前做好混凝土防冻预案，气温骤降致使最低温度低于 0℃ 时立即启动应急预案[6-7]。

由于我国地域辽阔，从南到北四季气温差别很大（表 9-3），因此冬期施工不同于冬季施工。我国气候、温度变化规律及防冻措施为：长江以北到黄河以南，气温虽然可以降至 5℃ 以下但基本在 0℃ 以上，冬季施工只要加早强剂即可保证质量；黄河以北，气温会在0℃以下数月，冬季施工需要使用防冻剂；华北西北地区，最低气温在-10℃以上的地区，使用早强型的防冻剂；东北地区、内蒙古、新疆，冬季气温经常在-10℃以下，冬季施工的混凝土必须使用防冻型的防冻剂。

表9-3　寒冷地区、温和地区划分参考表　　　　　　　　℃

分区	区别划分标准	年平均气温	最冷月平均气温	最高月平均温度	典型地区
温和地区	温和区	15~19	3~8	24~30	贵州、四川、桂北、闽北、浙北、江西、湖南、湖北、陕南、皖南
	温冷区	12.5~15	-3~3	24~30	江苏、河南、皖中北、鲁中南、关中、山西、冀南
寒冷地区	寒冷区	8~12.5	-10~-3	<24	河北、山东、山西、陕西、甘肃、宁夏、新疆部分地区
	严寒区	2~8	-25~-10	<24	冀北、晋北、陕北、宁夏、甘北、新疆、内蒙古、黑龙江、吉林、辽宁

9.4.2　冬期施工办法

冬期施工方法的不同决定了所采用措施的不同，为了保证冬期施工的顺利进行，首先应明确采用何种施工方法，并根据《建筑工程冬期施工规程》（JGJ/T 104—2011）中的规定，采取相应的措施。为了便于理解和选用不同的冬期施工方法，用表9-4对不同的施工方法进行对比说明。

表9-4　冬期施工方法对比

施工方法	定义	要点	规定温度	受冻临界强度
蓄热法	混凝土浇筑后，利用原材料加热以及水泥水化放热，并采取适当保温措施延缓混凝土冷却，在混凝土温度降到0℃以前达到临界强度的施工方法	①混凝土具有一定的初始温度；②具有满足要求的水泥用量，可以利用水泥水化热；③适当保温	0℃	①≥设计强度等级的30%（采用硅酸盐、普通硅酸盐水泥时）；②≥设计强度等级的40%（采用矿渣、粉煤灰、火山灰质、复合硅酸盐水泥时）
综合蓄热法	掺早强剂或早强型复合外加剂的混凝土浇筑后，利用原材料加热以及水泥水化放热，并采取适当保温措施延缓混凝土冷却，在混凝土温度降到0℃以前达到受冻临界强度的施工方法	①掺加早强剂或早强型复合外加剂；②混凝土具有一定的初始温度；③具有满足要求的水泥用量，可以利用水泥水化热；④适当保温	0℃	①≥4.0MPa（室外气温不低于-15℃）；②≥5.0MPa（室外气温不低于-30℃）

续表

施工方法	定义	要点	规定温度	受冻临界强度
电加热法	冬季浇筑的混凝土利用电能加热的养护方法	利用电能对浇筑后的混凝土加热	无规定	≥设计强度等级的50%
电极加热法	用钢筋作电极，利用电流通过混凝土所产生的热量对混凝土进行养护的施工方法	利用电能对浇筑后的混凝土加热	无规定	≥设计强度等级的50%
电热毯法	混凝土浇筑后，在混凝土表面或模板外覆盖柔性电热毯，通电加热养护混凝土的施工方法	利用电能对浇筑后的混凝土加热	无规定	≥设计强度等级的50%
工频涡流法	利用安装在钢模板外侧的钢管，内穿导线，通以交流电后产生电流，加热钢模板对混凝土进行加热养护的施工方法	利用电能对浇筑后的混凝土加热	无规定	≥设计强度等级的50%
线圈感应加热法	利用缠绕在构建模板外侧的绝缘导线线圈，通以交流电，在钢模板和混凝土内的钢筋中产生电磁感应，对混凝土进行加热养护的施工方法	利用电能对浇筑后的混凝土加热	无规定	≥设计强度等级的50%
暖棚法	将混凝土构件置于搭设的棚中，内部设置散热器、排管、电热器或火炉等加热棚内空气，使混凝土处于正温环境下养护的施工方法	①浇筑后的混凝土处于正温环境；②暖棚内温度不低于5℃	无规定	①≥设计强度等级的30%（采用硅酸盐、普通硅酸盐水泥时）；②≥设计强度等级的40%（采用矿渣、粉煤灰、火山灰质、复合硅酸盐水泥时）
负温养护法	在混凝土中掺入防冻剂，使其在负温条件下能够不断硬化，在混凝土温度降到防冻剂规定温度前达到受冻临界强度的施工方法	①掺入防冻剂；②仅适用于不易加热保温且对混凝土强度增长要求不高的一般混凝土结构工程	防冻剂规定温度	①≥4.0MPa（室外气温不低于−15℃）；②≥5.0MPa（室外气温不低于−30℃）

施工方法	定义	要点	规定温度	受冻临界强度
硫铝酸盐水泥混凝土负温施工法	冬季条件下采用快硬硫铝酸盐水泥且掺入亚硝酸钠等外加剂配制混凝土，并采取适当保温措施的负温施工方法	①采用硫铝酸盐水泥；②掺入亚硝酸钠等外加剂；③适当保温	不低于−25℃	无规定

注：1. 不管采用何种施工方法，当混凝土设计强度等级≥C50 时，混凝土受冻临界强度不宜低于设计强度等级的 30%；

2. 抗渗混凝土，混凝土受冻临界强度不宜低于设计强度等级的 50%；

3. 有耐久性要求的混凝土，混凝土受冻临界强度不宜低于设计强度等级的 70%；

4. 当采用暖棚法施工的混凝土中掺入早强剂时，可按照综合蓄热法控制受冻临界强度；

5. 当施工需要提高混凝土强度等级时，应当按照提高后的强度等级确定受冻临界强度。

9.4.3　冬期施工的质量控制要点

1. 冬期混凝土温度控制

冬期混凝土温度控制是冬施成败的关键，应给予重视。温度控制包括原材料温度（拌合水、外加剂、集料温度等）、大气环境温度（气温、搅拌楼、搅拌机温度等）、混凝土温度（出机、浇筑、入模、实体内部温度等）。

（1）原材料温度。原材料温度是混凝土出机温度的基础，应根据热工计算结果，参考其他因素进行测定和控制[8-9]。

（2）大气环境温度。应及时检测每日的气温，收集未来几日的气象资料，并根据这些气温资料，及时调整防冻剂的防冻等级或调整混凝土配合比。

搅拌楼温度和搅拌机温度是控制混凝土出机温度时容易忽视的地方，混凝土搅拌前应对搅拌机进行保温或采用蒸汽、热水进行加热。在间歇时间比较长时尤其要注意这一步骤，否则很容易造成第一车混凝土出机温度低。

（3）混凝土温度。搅拌站需要控制的冬期混凝土温度包括出机温度、浇筑温度等。施工方需要控制的冬期混凝土温度包括入模温度、养护温度、实体温度等。

① 出机温度。混凝土拌合物的出机温度不宜低于 10℃。混凝土经过运输与输送、浇筑之后，入模温度会产生不同程度的降低，因此出机温度要有一定的富余。运距较远、运输时间较长、泵送过程保温较差等导致热损失较大时，要提高混凝土的出机温度，例如提至 15℃以上。因此应根据施工期间的气温条件、运输与浇筑方式、保温材料种类等情况，对混凝土的运输和输送、浇筑等过程进行热工计算，确保混凝土的入模温度满足早期强度增长和防冻的要求[10]。

出机温度可以通过原材料的实际温度进行热工计算来预控，然后根据实际出机温度来调整。用热水来提高混凝土出机温度是搅拌站最常用的办法。这时要注意水温一般不能超过 60℃，而且不能与水泥直接接触，否则会对混凝土工作性造成影响，加大坍落度损失。应该让热水先与砂石混合搅拌一会儿后再接触胶凝材料。需要注意的是，搅拌站的水箱一般比较大，要完全达到规定的温度需要一定的时间，因此需要提前通知锅炉房烧水，以免耽误生产。当用热水不能满足混凝土出机温度要求时，应对集料进行加热。

② 浇筑温度。混凝土运输到现场后，应进行温度检测。根据泵管、模板保温情况，控制浇筑温度。为防止运输过程中的热量损失，应对运输车进行保温。泵送前用砂浆对泵和泵管进行润滑、预热。泵送过程中还需对泵管进行保温，以提高混凝土的入模温度。

混凝土分层浇筑时，容易造成新拌混凝土热量损失加剧，降低混凝土的早期蓄热。因此应适当加大分层厚度，分层厚度不应小于 400mm。同时应加快浇筑速度，确保在被上一层混凝土覆盖前，已浇筑层的温度满足热工计算要求，且不得低于 2℃，以防止下层混凝土在覆盖前受冻[11]。

③ 入模温度。混凝土的入模温度不得低于 5℃。为了保证新拌混凝土浇筑后，有一段正温养护期供水泥早期水化，从而保证混凝土尽快达到受冻临界强度，不致引起冻害，应尽量提高混凝土的入模温度。

④ 养护温度、实体温度。起始养护温度和实体温度对于混凝土强度发展非常关键，是混凝土能否尽快达到受冻临界强度的关键，应对此温度进行及时检查，以确定保温养护方案。混凝土养护期间的测温应符合下列规定：

a. 采用蓄热法或综合蓄热法时，在达到受冻临界强度之前应每隔 4～6h 测温一次。

b. 采用负温养护法时，在达到受冻临界强度之前应每隔 2h 测量一次。

c. 采用加热法时，升温和降温阶段应每隔 1h 测温一次，恒温阶段每隔 2h 测温一次。

d. 混凝土在达到受冻临界强度后，可停止测温。

混凝土浇筑前应对钢筋及模板进行覆盖保温。应清除地基、模板和钢筋上的冰雪和污垢，否则会影响混凝土表观质量以及钢筋粘结力。混凝土直接浇筑于冷钢筋上，容易在混凝土与钢筋之间形成冰膜，导致钢筋粘结力下降。

2. 严格执行关于受冻临界强度的规定

混凝土受冻临界强度是指冬期施工混凝土在受冻以前不致引起冻害，必须达到的最低强度，为负温混凝土冬期施工的重要控制指标。在达到此强度后，混凝土即使受冻也不会对后期强度及性能产生较大影响。达到受冻临界强度方可停止保温、加热等养护措施。

3. 养护和拆模

冬期养护非常关键，若养护措施不到位，很容易造成实体强度不够。因为冬期施工不能水养护，工地采取综合蓄热法或负温养护法较多，若对养护不够重视，或者未达到临界受冻强度就拆模，造成混凝土早期受到一定程度的冻害。这些强度损失是很难弥补的[12-13]。

北方冬季气候干燥，顶板或路面等平面混凝土极易失水，因此混凝土浇筑完毕后应立即对裸露部位覆盖塑料薄膜进行防风保水，同时进行保温养护。对边、棱角部位，由于表面系数大，散热较快，极易受冻，所以更应加强保温措施，否则会造成混凝土局部受冻，形成质量缺陷。墙柱等竖向结构应对模板采取保温等措施，尽量延长拆模时间，拆模后立即用塑料薄膜包裹，然后进行保温养护。

4. 忌盲目提高强度等级生产

有的工程在冬期施工时，将原设计强度提高一个强度等级，以保证混凝土的强度，减少因施工养护不到位造成的质量风险，弥补强度损失。但是提高强度等级而降低施工养护质量，最后强度合格即万事大吉的做法是不可取的。因为冻结会对混凝土内部结构造成损伤，如内部微裂纹、集料界面的松动等，抗压强度对此是不敏感的，但抗弯拉强度、动弹模量、抗冻性、抗渗性等指标却敏感得多，这些参数性能降低的损失是弥补不了的。从耐久性方面看，即使强度合格，耐久性质量也不能算合格[14]。

因此，采取合适的施工工艺、合理的养护措施，对关键环节控制等是确保冬期混凝土质量的根本措施。

5. 混凝土试件制作

冬期施工中，对负温混凝土强度的监测不宜采用回弹法。应用留置同条件试件，采用成熟度法进行推算。施工期间应监测混凝土受冻临界强度、拆模或拆除支架时的强度，确保负温混凝土施工安全与施工质量。

冬期混凝土强度问题频发，尤其是进入冬期施工的前后半个月，气温较低且变化频繁，工地如不具备正规标养室，或者拆模后即送往检测所，试块在早期往往得不到有效的养护，就会出现强度不够的情况[15]。此时应特别注意环境变化，将试块放置在试块制作间中，保证室温。混凝土拆模后应在标准养护室养护至少 7d 后再送往检测所，运送过程中应进行保温防磕处理。

参考文献

[1] 姚大庆，等. 预拌混凝土质量控制实用指南 [M]. 北京：中国建材工业出版社，2014.

[2] 廉慧珍，韩素芳. 现代混凝土需要什么样的水泥——从混凝土角度谈水泥生产 [M]. 北京：化学工业出版社，2007.

[3] 黄荣辉. 预拌混凝土实用技术 [M]. 北京：机械工业出版社，2008.

[4] 朱蓓蓉，张树青，吴学礼，等. 三峡工程用Ⅰ级粉煤灰效应优势及其对水泥砂浆强度贡献 [J]. 粉煤灰综合利用，2001（3）.

[5] 沈旦申. 粉煤灰混凝土 [M]. 北京：中国铁道出版社，1989.

[6] 黄士元，蒋家奋，杨南如，等. 近代混凝土技术 [M]. 西安：陕西科学技术出版社，1998.

[7] 友泽史纪. 高流动コンクリートの现状と展望 [J]. 建筑技术，特集：高流动コンクリートの基

本と実際，1996（04）.

[8] HAJIME OKAMURA. Self-compacting high-performance concrete ［J］. Concrete International，July 1997.

[9] 廉慧珍，张青，张耀凯. 国内外自密实高性能混凝土研究及应用现状 ［J］. 施工技术，1999 （5）.

[10] 韩先福，李清和，段雄辉，等. 免振捣自密实混凝土的研究与应用 ［J］. 混凝土，1996 （6）.

[11] 北京工集团二建公司. 高流动自密实混凝土的试验研究与应用鉴定材料. 1996.

[12] 王燕谋，苏慕珍，张量. 硫铝酸盐水泥 ［M］. 北京：北京工业大学出版社，1999.

[13] 杨荣俊，等. 钢纤维快硬硫铝酸盐水泥混凝土性能研究及在桥梁伸缩缝改造工程中的应用 ［J］. 混凝土，2003 （11）：54-56.

[14] 刁江京，辛志军，张秋英. 硫铝酸盐水泥生产与应用 ［M］. 北京：中国建材工业出版社，2006.

[15] 李会，杨荣俊. 耐热混凝土的配制与应用 ［J］. 混凝土，2011 （06）.

第 10 章　建筑垃圾及工业固废在混凝土中的精细化利用

10.1　超细掺合料在混凝土中的应用

10.1.1　矿物掺合料的定义及介绍

1. 普通矿物掺合料

矿物掺合料是指在配制混凝土时加入的具有一定细度或活性的用于改善新拌和硬化混凝土性能（特别是混凝土耐久性）的某些矿物类产品。

矿物掺合料的掺量通常大于水泥用量的 5%，细度与水泥细度相同或比水泥更细。掺合料与外加剂主要不同之处在于其参与了水泥的水化过程，对水化产物有所贡献。在配制混凝土时加入较大量的矿物掺合料（硅灰除外），可降低温升，改善工作性能，增进后期强度，并可改善混凝土的内部结构，提高混凝土耐久性和抗腐蚀能力。尤其是矿物掺合料对碱-骨料反应的抑制作用引起了人们的重视。因此，国外将这种材料作为辅助胶凝材料。矿物掺合料已成为高性能混凝土不可缺少的一种组分。

近年来，建筑垃圾及工业固废制备的矿物掺合料在混凝土中的应用技术有了新的进展，尤其是粉煤灰、磨细矿渣粉、混凝土粉、红砖粉等具有良好的活性，对节约水泥、节省能源、改善混凝土性能、扩大混凝土品种、减少环境污染等有显著的技术经济效果和社会效益。磨细矿渣粉及超细粉煤灰可用来生产 C100 以上的超高强混凝土、超高耐久性混凝土、高抗渗混凝土。虽然水泥中也可以掺入一定数量的混合材，但它对混凝土性能的影响与矿物掺合料对混凝土性能的影响并不完全相同。矿物掺合料的使用给混凝土生产商提供了更多的混凝土性能和经济效益的调整余地，因此成为与水泥、骨料、外加剂并列的混凝土组成材料。

2. 复合掺合料

为了充分发挥各种掺合料的技术优势，弥补单一矿物掺合料自身固有的某些缺陷，利用两种或两种以上矿物掺合料材料复合产生的超叠加效应可取得比单掺某一种矿物掺合料更好的效果。目前的复合掺合料主要是两种或三种掺合料经合理优化配制而成。

复合掺合料的超叠加效应能够显著改善混凝土的工作性能、力学性能和耐久性能，同时取代部分水泥用量，也可一定程度上降低高性能混凝土成本。

复合掺合料的内涵应从以下几点来理解：

（1）不是简单的两种或几种掺合料混合；

（2）考虑活性与惰性成分、低品质与高品质资源的相互叠合作用；

（3）考虑微颗粒的合理级配分布，主要提高和改善整体密实度；

（4）考虑水化反应速度与产物（如凝胶类和结晶类）的匹配有利于提高耐久性；

（5）考虑化学激发作用，提高综合性能；

（6）考虑不同品质的资源搭配，降低单位用水量，降低水胶比。

配合比设计调整原则：

矿物掺合料的品种和掺量，应根据矿物掺合料本身的品质，结合混凝土其他参数（工作性、运输时间、温度、坍落度损失）、工程性质、结构部位、所处环境（施工环境）及环境侵蚀等因素，按下列原则选择确定：

（1）矿物掺合料掺量较大，混凝土宜采用低水胶比，延长混凝土验收龄期；

（2）对于下列情况可增加矿物掺合料的掺量：环境温度较高、混凝土结构体积较大、水下工程混凝土以及有抗腐蚀要求、养护良好的混凝土等；

（3）对于较小截面尺寸的构件混凝土，宜采用较少坍落度，矿物掺合料宜采用较小掺量，避免早期强度降低、水分蒸发水化不充分；

（4）对于下列情况应减小矿物掺合料掺量：有早强要求或日平均环境温度低于20℃条件下施工的混凝土。

配制掺矿物掺合料的混凝土时应同时掺加外加剂，协调水泥与掺合料等各组分的匹配性，以便充分发挥其组合效应。系统试验、充分验证，熟悉掌握原材料性能，保证工程质量。

10.1.2 超细复合掺合料及其应用

1. 超细复合掺合料原料

超细复合掺合料是由 S95 超细矿粉、超细粉煤灰和多种再生微粉优化配制而成的，具有较高的活性指数，能够显著改善混凝土的力学性能和耐久性能。其主要原料为矿粉、粉煤灰、再生微粉等。

（1）粉煤灰是从电厂煤粉炉烟道气体中收集的粉末，是燃煤电厂排出的主要固体废弃物。超细粉煤灰，是平均粒径小于 $10\mu m$ 或比表面积大于 $600m^2/kg$ 的粉煤灰。超细粉煤灰一般都是粉煤灰经过分选或超细粉磨而成。

（2）矿渣粉是粒化高炉矿渣粉的简称，是从炼铁高炉中排出的，以硅酸盐和铝硅酸盐为主要成分的熔融物，经淬冷成粒，即为粒化高炉矿渣。矿渣再经烘干、磨细（筛选），所得即为矿粉。

（3）再生微粉是建筑垃圾转化为再生骨料的过程中产生的粒径小于 $75\mu m$ 的微粉，占原料质量的 $10\% \sim 20\%$，其主要成分为未水化的部分水泥、硬化水泥石以及砂、石骨料碎屑。再生微粉包括红砖粉、混凝土粉和混合粉，因而具有良好的微集料填充效应以及火山灰效应[1-3]。

2. 超细复合掺合料作用

超细复合掺合料在混凝土中的作用主要体现在以下几个方面：

（1）形态效应。超细复合掺合料中的超细粉煤灰含有 70% 以上的玻璃微珠，粒形完整，表面光滑，质地致密。这种形态对混凝土而言，无疑能起到减水作用、致密作用和匀质作用，促进初期水泥水化的解絮作用，改变拌合物的流变性质、初始结构以及硬化后的多种性能，尤其是对泵送混凝土能起到良好的润滑作用。

（2）微骨料效应。利用超细复合掺合料中的微细颗粒填充到水泥颗粒填充不到的空隙中，混凝土孔结构改善，致密性增强，强度和抗渗性能大幅提高。

（3）化学活性效应。组分中的粉煤灰系人工火山灰质材料，其"活性效应"又称之为"火山灰效应"。因粉煤灰中的化学成分中有大量活性 SiO_2 及 Al_2O_3，在潮湿的环境中与 $Ca(OH)_2$ 等碱性物质发生化学反应，生成水化硅酸钙、水化铝酸钙等胶凝物质，对混凝土能起到增强作用且能堵塞其中的毛细孔，提高混凝土的密实度，提高混凝土的耐久性能。而超细矿粉加碱后可以激发硬化，和硅酸盐水泥混合在一起时，由于 $Ca(OH)_2$ 和硫酸盐的作用，可促进其硬化。

（4）超细复合掺合料的密度低于水泥，等质量的掺合料替代水泥后，浆体体积增大，混凝土和易性得到改善。

（5）水化热降低。利用组分中超细矿渣粉的反应特征，水化放热减慢，具有抑制混凝土温升的效果。

10.1.3　超细复合掺合料的试验研究

随着混凝土技术的发展，矿粉、粉煤灰等传统矿物掺合料已经成为改善混凝土性能不可或缺的一种组分。本节研究将建筑垃圾废砖、废混凝土磨成的细粉，分别与超细矿渣粉、超细粉煤灰进行三掺复合；研究和分析其对胶砂和混凝土工作性与强度的影响，为生产中合理控制超细复合掺合料质量提供参考。

1. 超细复合掺合料胶砂试验研究

（1）试验原材料。

水泥：荥阳上街铝厂生产的 P·O 42.5 水泥，比表面积 $390m^2/kg$，标准稠度用水量 29.3%，实测 28d 抗压、抗折强度分别为 52.2MPa、9.7MPa。

粉煤灰：密度为 $2.3g/cm^3$，在球磨机中粉磨 60min，测定比表面积为 $720m^2/kg$，此时需水量比为 98%。

矿渣粉：采用 S95 级矿渣粉，密度为 $2.89g/cm^3$，在球磨机中粉磨 90min，测定比表面积为 $670m^2/kg$，此时流动度比为 96%。

建筑垃圾混凝土粉：由废弃混凝土块破碎粉磨而成，比表面积为 $710m^2/kg$；需水量比为 98%。

建筑垃圾砖粉：所用砖粉由废砖破碎后磨制，比表面积为 690m²/kg，需水量比为 100%。

（2）试验方法。参考《水泥胶砂强度检验方法（ISO 法）》（GB/T 17671—1999）进行胶砂试验。混凝土坍落度和强度试验分别参照《普通混凝土拌合物性能试验方法标准》（GB/T 50080—2016）、《混凝土物理力学性能试验方法标准》（GB/T 50081—2019）。

（3）超细复合掺合料胶砂配合比与强度。本实验水胶比 0.5，超细复合矿物掺合料在水泥中的添加比率为 50%，用水量为 225mL，标准砂用量 1350g。水和胶凝材料入锅后，开机慢搅 30s，在第二个 30s 开始时加入标准砂，停拌 90s，在第 1 个 15s 内用一胶皮刮具将叶片和锅壁上的胶砂刮入锅中间。在高速下继续搅拌 60s。各个搅拌阶段，时间误差应在 ±1s 以内。

① 矿粉、粉煤灰、红砖粉三掺超细复合掺合料活性指数。分别改变矿粉、粉煤灰、红砖粉比例制备胶砂试件，测定抗压强度，计算不同比例下的活性指数，试验配合比及结果见表 10-1。

表 10-1　矿粉、粉煤灰、红砖粉三组分掺合料胶砂配合比及结果

序号	水泥（g）	矿粉（g）	粉煤灰（g）	红砖粉（g）	7d 活性指数（%）	28d 活性指数（%）
A1	225	67.50	67.50	90.0	83.65	93.26
A2	225	67.50	90.00	67.5	84.50	95.45
A3	225	67.50	112.50	45.0	86.80	97.58
A4	225	78.75	56.25	90.0	85.67	96.23
A5	225	78.75	78.75	67.5	87.17	101.26
A6	225	78.75	101.25	45.0	89.16	103.78
A7	225	90.00	45.00	90.0	88.26	103.25
A8	225	90.00	67.50	67.5	93.45	105.69
A9	225	90.00	90.00	45.0	95.23	108.00

由表 10-1 可知，不断调整矿粉、粉煤灰、红砖粉掺加比例，其 7d 活性指数均大于 80%，28d 活性指数均大于 90%。随着矿粉掺量的不断提高，超细复合掺合料的活性指数逐渐提高。矿粉掺量不变时，随着粉煤灰掺量的逐渐提高，复合粉的活性指数逐渐提高。因此从活性指数角度分析，矿粉＞粉煤灰＞红砖粉。因为三种原材料均为超细粉体，因此其早期反应速度快，28d 活性指数较 7d 活性指数提高幅度低。

② 矿粉、粉煤灰、混凝土粉三掺超细复合掺合料活性指数。分别改变矿粉、粉煤灰、混凝土粉比例制备胶砂试件，测定抗压强度，计算不同比例下的活性指数，试验配合比及结果见表 10-2。

表 10-2　矿粉、粉煤灰、混凝土粉三组分掺合料胶砂配合比及结果

序号	水泥（g）	矿粉（g）	粉煤灰（g）	混凝土粉（g）	7d 活性指数（%）	28d 活性指数（%）
B1	225	67.5	67.50	90.0	85.26	94.87
B2	225	67.5	90.00	67.5	87.50	96.52
B3	225	67.5	112.50	45.0	88.40	98.58
B4	225	78.75	56.25	90.0	86.25	96.23
B5	225	78.75	78.75	67.5	89.15	104.26
B6	225	78.75	101.25	45.0	91.85	105.69
B7	225	90.00	45.00	90.0	93.49	107.30
B8	225	90.00	67.50	67.5	95.87	109.25
B9	225	90.00	90.00	45.0	95.45	113.00

由表 10-2 可知，不断调整矿粉、粉煤灰、混凝土粉掺加比率，7d 活性指数均大于 85%，28d 活性指数均大于 90%。随着矿粉掺量的不断提高，复合粉的活性指数逐渐提高。矿粉掺量不变时，随着粉煤灰掺量的逐渐提高，复合粉的活性指数逐渐提高。结合表 10-1 试验数据可知，同配比下掺加混凝土粉活性指数高于掺加红砖粉活性指数。因此从活性指数角度分析，矿粉＞粉煤灰＞混凝土粉＞红砖粉。

2. 超细复合掺合料混凝土试验研究

混凝土设计强度为 C30，选定一个基础配合比为 m_{c0}（混凝土中水泥用量）＝410kg/m³，m_{w0}（混凝土中用水量）＝205kg/m³，m_{s0}（混凝土中砂子用量）＝714kg/m³，m_{g0}（混凝土中石子用量）＝1071kg/m³，聚羧酸高效减水剂为 6.15kg/m³，在此基础上加入超细复合掺合料，砂率及用水量保持不变。

（1）选取试验配比 A7、A8、A9。将超细复合掺合料掺入胶凝材料之中，占胶凝材料总量的 30%，水泥占 70%，测定混凝土坍落度及 3d、7d、28d 抗压强度，试验结果见表 10-3。

表 10-3　不同比例时的混凝土工作性和强度

序号	矿：粉：砖	坍落度（mm）	3d 抗压强度（MPa）	7d 抗压强度（MPa）	28d 抗压强度（MPa）
C1	—	200	30.68	39.36	45.32
C2	40：20：40	210	31.66	38.56	45.58
C3	40：30：30	224	32.58	40.15	48.57
C4	40：40：20	235	33.76	42.19	52.50

由表 10-3 可知，在混凝土中加入矿物掺合料，混凝土坍落度增大，超细复合掺合料的颗粒粒径较小，较好地填充水泥颗粒之间的空隙，置换出水泥颗粒空隙里面的自由水，使拌合物中的自由水含量增加，黏度降低，改善了混凝土的流动性。改变超细复合掺合料比例，随着矿粉掺量的提高，混凝土抗压强度提高，且高于未加掺合料时的抗压强度。矿物掺合料化学成分中有大量活性 SiO_2 及 Al_2O_3，在潮湿的环境中与

Ca（OH）₂ 等碱性物质发生化学反应，生成水化硅酸钙、水化铝酸钙等胶凝物质，对混凝土能起到增强作用且能堵塞其中的毛细孔，提高混凝土的密实度，提高混凝土的耐久性能。

（2）选取试验配比 A9。将矿料掺入混凝土中，此时矿粉与粉煤灰与红砖粉的比例为40：40：20，改变超细复合掺合料占胶凝材料总量的比率为30%、40%、50%，测定混凝土坍落度及 3d、7d、28d 抗压强度。试验结果见表 10-4。

表 10-4　不同掺量时的混凝土工作性和强度

序号	在胶凝材料中掺加比率（%）	坍落度（mm）	3d 抗压强度（MPa）	7d 抗压强度（MPa）	28d 抗压强度（MPa）
D1	0	200	30.68	39.36	45.32
D2	30	235	33.76	42.19	52.50
D3	40	241	28.21	39.54	48.99
D4	50	236	27.23	36.12	47.08

由表 10-4 可知，随着超细复合掺合料掺加比率的增加，混凝土坍落度先增加后减少，其抗压强度逐渐降低，但 28d 抗压强度依然高于未加矿物掺合料时的抗压强度。过多的矿物掺合料导致水泥用量减少，水化产物变少，不能与多余的掺合料反应。同时，用水量不变时，水泥较少，"实际水灰比"增大，造成早期强度降低。适当的超细掺合料颗粒填满水泥颗粒之间的空隙后，多余的超细掺合料颗粒反而会吸附拌合物中的自由水，使拌合物的黏度开始增高。

10.2　绿色胶凝材料在混凝土中的应用

10.2.1　再生水泥的定义

在不到 200 年时间里，硅酸盐水泥得到广泛应用，成为现代人类文明建设不可缺少的物质。随着建设规模日益扩大，我国水泥工业得到飞速发展，产量已连续 20 多年居世界第一位。

虽然现代硅酸盐水泥得到大规模应用，但仍然存在如下令人不满意的地方：

（1）耐久性不足：硅酸盐水泥 CaO 含量高（63%～67%），其水化产物中，除了 C-S-H 外，其他水化产物在化学上和物理上都是活性物质，如 Ca（OH）₂、（1.5～2）$CaO \cdot SiO_2 \cdot nH_2O$、（3～4）$CaO \cdot Al_2O_3 \cdot$（10～19）$H_2O$、（3～4）$CaO \cdot Fe_2O_3 \cdot$（10～13）$H_2O$ 都是自然界不曾天然存在的矿物，这些水化产物会随时间延长逐渐发生转化，或溶解于环境介质中，或与环境介质发生化学反应。

（2）混凝土收缩大：体积稳定性差，易产生裂缝，导致混凝土结构过早劣化。

（3）环境协调性差：水泥生产排放大量的 CO_2、NO_x 和 SO_3 等有害废气和粉尘，这些污染物的排放给环境造成很大负荷，加剧了温室效应和酸雨的发展程度，对全球气候和人类生存环境产生极其不利的影响。

（4）生产能耗高：每生产 1t 水泥要耗费 115kg 煤和 108kW·h 电。

（5）消耗大量的石灰石等自然资源。

地壳中丰度（平均质量百分比）较大的元素主要有氧、硅、铝、铁等，钙元素的丰度较小，只有 5.06%。而在水泥熟料中，钙元素含量一般在 44%～48% 之间。虽然硅酸盐水泥的主要元素和地壳中含量最高的几种元素相同，但元素含量差异较大，特别是钙的含量相差较大。由此可见，硅酸盐水泥不是与地壳天然元素成分相适应的理想胶凝材料。

再生水泥，又称地聚合物、土聚水泥、碱激发胶凝材料，是以天然矿物或固体废弃物及人工硅铝化合物为原料制备的硅氧四面体与铝氧四面体三维网络聚合凝胶体（因本文制备以上原材料的主要基材之一为建筑垃圾再生微粉，因此简称"再生水泥"）。试验表明，地聚合物混凝土具备更卓越的耐久性，再生水泥能够满足当今建筑市场的综合需求。

10.2.2　再生水泥原料及其制备

再生水泥（硅铝基胶凝材料）是由含有大量 Al_2O_3 和 SiO_2 的铝硅质材料在高碱激发剂的作用下制得的。主要的天然或人工铝硅质原材料有偏高岭土、粉煤灰、硅灰、矿渣、火山灰、淤（污）泥、稻壳灰、黏土、煤矸石、建筑垃圾、尾矿等。较常用的硅铝质原料为矿渣、粉煤灰、建筑垃圾微粉。

常见的固废组合有：矿渣粉＋粉煤灰；矿渣粉＋废混凝土粉；矿渣粉＋废红砖粉；矿渣粉＋废混凝土粉＋废红砖粉；矿渣粉＋粉煤灰＋废红砖粉。

碱激发剂的主要作用是使硅铝质材料网络结构发生解体、缩聚，最终形成地聚合物结构。激发剂的原理虽不复杂，但种类却很多。激发剂若是单一成分，效果一般不太好。因此，在实际应用时，激发剂皆为复合成分，由多种活化物质配合使用。一般选择碱性激发剂。根据化学组成，碱激发剂可分为六类：

（1）苛性碱：MOH [$NaOH$、$Ca(OH)_2$]。

（2）非硅酸盐的弱酸盐：M_2CO_3、M_2SO_3、M_3PO_4、MF。

（3）硅酸盐：水玻璃，$M_2O·nSiO_2$。

（4）铝酸盐：$M_2O·nAl_2O_3$。

（5）铝硅酸盐：$M_2O·nAl_2O_3·(2\sim6)SiO_2$。

（6）非硅酸盐的强酸盐：M_2SO_4。

激发剂方案：两种氢氧化物（氢氧化钠、水泥熟料）分别加脱硫石膏、碳酸盐、硫酸盐、氯盐、偏硅酸盐、液体硅酸盐。

10.2.3 超细粉磨对再生水泥性能的影响

粉煤灰是配制再生水泥的重要基材。由于粉煤灰对改善混凝土性能起着重要作用，又能满足节约能源和保护环境的需要，所以粉煤灰与水泥、砂、石并列为混凝土必不可少的组分。研究发现，超细粉磨作用使粉煤灰比表面积大大增大，有助于粉煤灰在早期更好地发挥微集料效应，后期更好地发挥火山灰效应，从而使混凝土在早期和后期的抗压强度都显著提高。

矿渣具有很大的潜在反应活性，只有磨细时，才能发挥出来。这种活性可促进混凝土的强度发展，阻止产生粗大的 $Ca(OH)_2$、生成结晶，改善混凝土微结构的致密性，并可降低水化温升。由于矿渣需水量较低，所以能改善混凝土工作性，减少坍落度随时间的损失。

建筑垃圾再生微粉主要由废红砖粉与废混凝土粉组成，再生微粉中含有大量的铝质与硅质固体原料。将废红砖粉先在烘箱中烘干（控制温度为 105℃），将烘干后的废红砖粉进行 XRD 试验，XRD 图谱见图 10-1。由图 10-1 可知，衍射角在 20°~30°范围内有对应石英的衍射峰。由废红砖粉的化学组成可知，其含有大量的二氧化硅与氧化铝，其中二氧化硅主要来源于废红砖中的黏土。研究发现再生微粉中的氢氧化钙可以水化形成碳硅酸钙，这些都具有作为水泥水化晶核和继续水化形成胶凝产物的能力，表现出良好的火山灰活性[4-6]。相关研究发现，再生微粉在碱性环境下活性能够得到很大的提升，特别是当再生微粉比表面积增大时，可以使水化加快，活性提高，有利于改善胶凝材料的空隙及水化热。

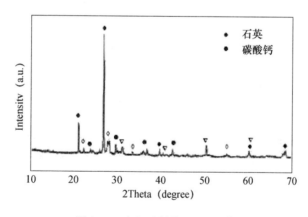

图 10-1 废红砖粉的 XRD 图谱

因此通过超细粉磨可以实现颗粒与粉磨介质、颗粒之间的相互碰撞、挤压、磨削等作用，颗粒结构变化、晶格破坏，颗粒表面发生畸变，使粉体比表面积变大，粉体中处于亚微米和纳米级的颗粒比率增多，粉体的活性提高，超细粉磨得到的粉煤灰、矿粉、建筑垃圾微粉表现出较强的胶凝性能和水化反应活性。

故本节设计两个试验分别探讨矿粉细度及红砖粉细度对再生水泥性能的影响。

1. 矿粉细度对再生水泥性能的影响试验研究

（1）试验原材料。

激发剂：水泥熟料和副产品石膏；由废砖破碎后磨制成的比表面积 400m²/kg 的建筑垃圾再生砖粉；S95 级矿渣粉。

（2）试验方法。对 S95 级矿渣粉进行粉磨，分别粉磨 0min、30min、60min、90min、120min，并测定不同粉磨时间的比表面积，如图 10-2 所示。

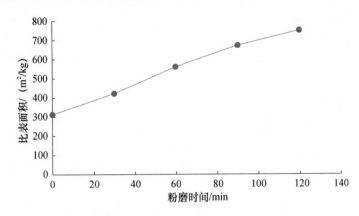

图 10-2　不同粉磨时间矿粉的比表面积

将不同粉磨时间的矿渣粉分别与红砖粉按 5∶5 等量混合，以水泥熟料和副产品石膏作为激发剂，制备再生水泥胶砂试件，通过测试水泥胶砂 3d、7d、28d 抗压强度，来分析矿粉细度对再生水泥性能的影响。试验配合比及结果见表 10-5。

表 10-5　不同粉磨时间矿粉制备的再生水泥强度

序号	红砖粉比表面积 (m²/kg)	矿粉粉磨时间 (min)	矿粉比表面积 (m²/kg)	3d 抗压强度 (MPa)	7d 抗压强度 (MPa)	28d 抗压强度 (MPa)
E1	400	0	310	20.05	26.89	37.78
E2	400	30	420	24.76	32.92	39.43
E3	400	60	560	26.54	33.48	41.12
E4	400	90	670	27.19	34.55	42.86
E5	400	120	750	28.68	37.49	42.98

由表 10-5 可知，在红砖粉细度不变的情况下，随着矿渣粉磨时间的延长，试件 28d 抗压强度逐渐提高，说明矿粉比表面积越大，试件强度越高。因为经过粉磨，矿粉颗粒更均匀分散于体系之中，与石膏（硫酸根离子）、熟料（氢氧化钙）反应速度更快。但当细度达到 600~700m²/kg，体系强度增长趋势减缓。

2. 红砖粉细度对再生水泥性能的影响

（1）试验原材料

激发剂：水泥熟料和副产品石膏；由废砖破碎后磨制成的建筑垃圾红砖粉；比表面

积 340m²/kg 的矿渣粉。

（2）试验方法

对红砖粉进行粉磨，分别粉磨 0min、30min、60min、90min、120min，并测定不同粉磨时间红砖粉的比表面积，如图 10-3 所示。

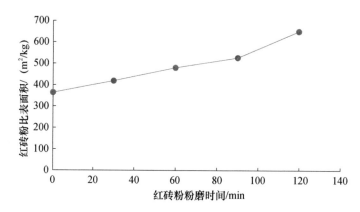

图 10-3　不同粉磨时间红砖粉的比表面积

将不同粉磨时间的红砖粉分别与矿渣粉按 5：5 等量混合，以水泥熟料和副产品石膏作为激发剂，制备再生水泥胶砂试件，通过测试水泥胶砂 3d、7d、28d 抗压强度，来分析红砖粉细度对再生水泥性能的影响。试验配合比及结果见表 10-6。

表 10-6　不同粉磨时间红砖粉制备的再生水泥强度

序号	矿粉比表面积 （m²/kg）	红砖粉粉磨时间 （min）	红砖粉比表面积 （m²/kg）	3d 抗压强度 （MPa）	7d 抗压强度 （MPa）	28d 抗压强度 （MPa）
E1	340	0	364	16.60	20.9	30.2
E2	340	30	418	19.07	23.4	34.6
E3	340	60	480	19.73	27.6	38.4
E4	340	90	525	20.98	29.9	40.7
E5	340	120	648	22.79	32.1	41.5

由表 10-6 可知，在矿粉细度不变的情况下，随着红砖粉粉磨时间的延长，试件 28d 抗压强度逐渐提高，说明红砖粉比表面积越大，试件强度越高。这是因为通过粉磨，晶体矿物的结构发生畸变，粉体的活性提高，加快了体系内反应速度。

参考文献

[1] 肖建庄，孙振平，李佳彬，等．废弃混凝土破碎及再生工艺研究 [J]．建筑技术，2005（2）：141-144.

[2] 李惠强，杜婷，吴贤国．建筑垃圾资源化循环再生骨料混凝土研究 [J]．华中科技大学学报，2001（6）：83-84.

[3] DURAN X, LENIHAN H, O' REGAN B. A model for assessing the economic viability of con-

struction and demolition waste recycling the case of Ireland［J］. Resources，Conservation & Recycling，2006，46（3）：302-320.

［4］ 刘杏，路畅，张浩强. 建筑垃圾再生微粉胶凝性的研究［J］. 中国粉体技术，2015，21（5）：33-36.

［5］ 张为堂. 建筑垃圾的循环利用研究现状与对策［J］. 山西建筑，2008，34（16）：350-351.

［6］ 胡智农，杨黎，刘昊. 再生微粉混凝土耐久性研究［J］. 混凝土与水泥制品，2013（3）：1-5.